时装厂纸样师讲座
服装实用技术·应用提高

服装精确制板与工艺：
半身裙·连衣裙

卜明锋　罗志根／编著

U0241954

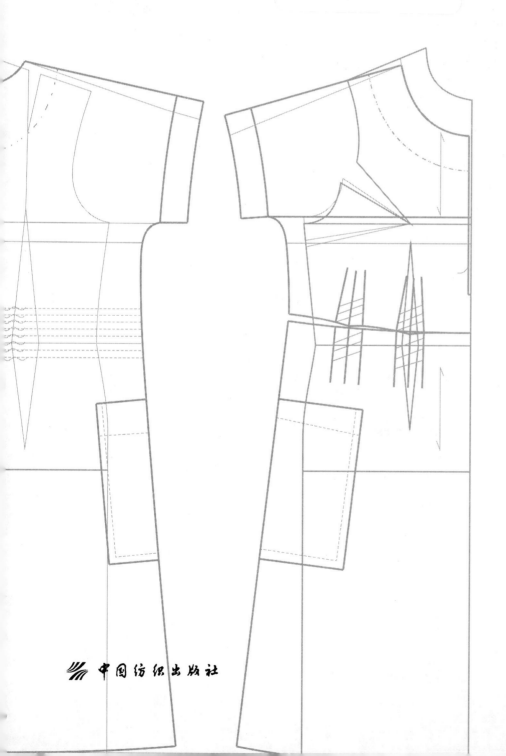

中国纺织出版社

内 容 提 要

本书详解了半身裙、连衣裙的结构设计与制作工艺，涉及半身裙和连衣裙的造型设计、规格设计、结构原型制作、结构变化原理与缝制工艺等。为了便于学习，针对结构，列举了60款裙装结构制图实例，并配有技术指标数据与处理方法；针对缝制工艺，不仅图解了若干重点部件的缝制工艺，还详细介绍了两款半身裙、连衣裙的缝制步骤。此外，针对板型修正、熨烫、检验、包装等也进行了专业讲解。

本书图文并茂，案例丰富，具有较强的实用性和指导性，贴近服装企业实际技术操作，对服装专业师生、企业技术人员具有较好的参考价值和借鉴意义。

图书在版编目（CIP）数据

服装精确制板与工艺：半身裙·连衣裙／卜明锋，罗志根编著. -- 北京：中国纺织出版社，2019.7

（时装厂纸样师讲座.服装实用技术·应用提高）

ISBN 978-7-5180-6192-1

Ⅰ.①服…　Ⅱ.①卜…②罗…　Ⅲ.①裙子—服装量裁　Ⅳ.①TS941.7

中国版本图书馆CIP数据核字（2019）第087770号

策划编辑：李春奕　　责任编辑：杨　勇　　责任校对：王花妮
责任设计：何　建　　责任印制：王艳丽

中国纺织出版社出版发行

地址：北京市朝阳区百子湾东里A407号楼　邮政编码：100124

销售电话：010—67004422　传真：010—87155801

http://www.c-textilep.com

E-mail：faxing@c-textilep.com

中国纺织出版社天猫旗舰店

官方微博http://weibo.com/2119887771

北京玺诚印务有限公司印刷　各地新华书店经销

2019年7月第1版第1次印刷

开本：889×1194　1/16　印张：17

字数：332千字　定价：49.80元

前　言

裙装是每位女性必不可少的衣着品类，如果在衣柜里没有一条裙子，则意味着你不是一个真正懂得生活的女人，可见其重要性。

裙装种类繁多、样式丰富，适用于各种场合。在各种服装品类中，裙装被誉为"款式皇后"，看似简单的裙装，经过线条的分割、花边的装饰、褶皱的设计，可以千变万化。随着时代的发展，当今裙装不仅重视装饰和细节，更讲究造型的美感。这就需要技术人员掌握精湛的结构与工艺知识，准确把握裙装的规格尺寸与造型，使人穿上后形态优美且舒展自如。目前，无论是服装类院校还是服装图书的市场，将裙装结构与工艺、理论与实践相结合的专业传授相对缺乏。因此，笔者特编写此书，期望能对专业领域有所补充。

本书共分三大部分：第一部分是基础知识，简要介绍了有关半身裙、连衣裙的造型特点、成衣规格测量、规格制定原则等知识；第二部分是结构设计实训，系统介绍了半身裙、连衣裙的原型制图与工业纸样的制作，并重点列举了具有代表性的60款结构制图实例；第三部分是制作工艺实训，从服装生产制作的角度详细介绍了服装的缝制工艺，主要介绍了重点部件及成衣缝制的实例。此外，针对半身裙、连衣裙实际生产过程中易出现的问题，专门在附录中介绍了板型修正、检验、包装、产品标识等相关内容。

本书第一章、第二章、第三章由卜明锋、罗志根共同编写；其他章节由卜明锋编写。全书由卜明锋负责统稿。

编著者均为来自一线的资深企业技术人员，为了提高本书的实用性和指导性，本书从实际生产出发，以操作性为主，将实践与理论相结合，既有利于读者了解技术处理与规律，在一定程度上也填补了专业书籍的空白。

在编写过程中参阅了一些书籍和资料，主要参考文献列于书后，在此特向相关编著者表示诚挚的谢意。对浙江森马服饰股份有限公司各位领导与同事给予的指导与帮助，表示衷心的感谢。

由于编者时间仓促，书中难免存在缺点和错误，欢迎广大读者批评指正（邮箱：bomingfeng@aliyun.com）。

编著者

2018 年 11 月

目　录

第三部分　制作工艺实训

第一部分　基础知识

> 第一章　绪论

第一章　绪　论

一、裙装分类与造型设计

（一）裙装的分类

狭义的裙装是指一种围在腰部以下的服装。广义的裙装还包括连衣裙、衬裙等。裙装可以按以下方式进行分类。

1. 按裙腰高低分类

根据裙腰的高低，裙装可分为低腰裙、中腰裙、高腰裙等（图 1-1）。

（1）低腰裙：前腰在腰围线下方 2~4cm 处，腰头呈弧线。

（2）中腰（自然腰）裙：腰头位于腰围线处（人体腰部最细线）。

（3）高腰裙：腰头在腰围线上方，最高可达胸部下方。

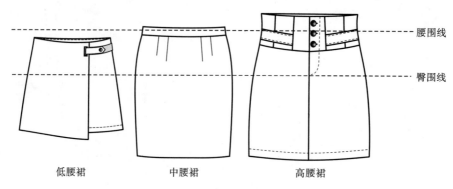

图 1-1　按裙腰高低分类

2. 按裙长分类

根据裙长，裙装可分为超短裙、短裙、及膝裙、中长裙、长裙、拖尾裙等（图 1-2）。

（1）超短裙：也称迷你裙，长度接近臀沟，腿部几乎完全外裸。

（2）短裙：长度至大腿中部。

（3）及膝裙：长度至膝关节下端。

（4）中长裙：长度至小腿中部。

（5）长裙：长度至脚踝骨。

（6）拖尾裙：前裙长度至地面，后裙长度可以根据需要设定。

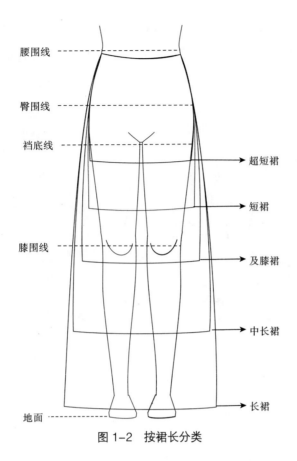

图 1-2 按裙长分类

3. 按裙下摆形态分类

根据裙的下摆形态，可分为紧身裙、直筒裙、A 字裙、波浪裙等（图 1-3）。

（1）紧身裙：一般采用弹力面料，臀围无放松量，下摆较窄，与腿贴合。如果裙长较长，活动不方便，下摆可开衩处理。

（2）直筒裙：臀围线以下呈现直筒的轮廓特征，造型端庄、优雅，结构较严谨。西服裙、铅笔裙等都属于直筒裙结构。

（3）A 字裙：从腰部到下摆呈 A 字型，下摆稍大，穿着时行走方便。

（4）波浪裙：在下摆处展开，动感较强，呈波浪状。鱼尾裙属波浪裙的一种。

4. 按裙廓型分类

根据裙身的廓型，可分为 H 型、X 型、A 型、O 型、T 型等（图 1-4）。

（1）H 型：造型上不收腰，胸围、腰围、臀围尺寸相同。具有从容、庄重、流畅、不贴体的特点。

（2）X 型：造型上收腰明显。具有窈窕、优美，体现女性自然美感的特点。

（3）A 型：下摆造型大于肩部（连衣裙）或臀部（半身裙），上紧下松。具有稳重、安定感，充满青春活力的特点。

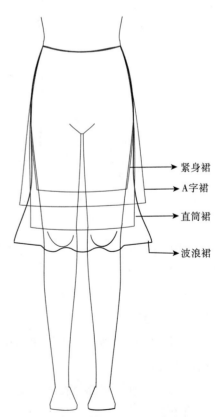

图 1-3 按裙下摆形态分类

（4）O型：中间造型扩张，收缩下摆，上、下小于中间。具有夸张、柔和的特点。

（5）T型：上宽下窄，上身较宽松，下身较合体。既随意又能显现出女性的身体特征。

| H型 | X型 | A型 | O型 | T型 |

图1-4　按裙廓型分类

（二）裙装的造型设计

裙装的造型设计需要充分考虑对产品风格的影响，主要涉及到裙身的结构设计、装饰手法设计。

1. 常见的裙身结构设计

裙装在裙身结构设计方面，更多的是采用省道、收褶、打裥、展开（波浪）的处理变化（图1-5）。

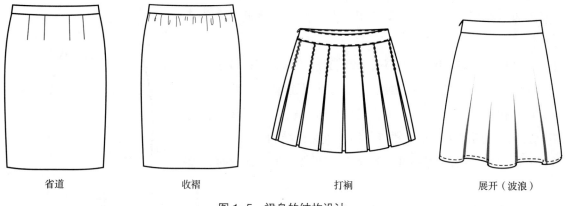

| 省道 | 收褶 | 打裥 | 展开（波浪） |

图1-5　裙身的结构设计

裙身结构处理的名称说明及转变方式如下（图1-6）：

（1）省道：又称省缝。是根据服装为符合人体特征、为达到合体的手段，通过捏进和折叠衣料，使衣料形成隆起或凹进的特殊主体效果的结构设计。主要设置在胸部、腰部、臀部等人体凸起、凹陷的部位，也可与服装的分割线配合使用。

（2）收褶：为符合体型和款式造型需要，将部分衣料缝缩而形成的自然纹路的褶，如腰口、领口、袖口的碎褶。

（3）打裥：将部分衣料有规律的、经折叠熨烫而成。一般分为暗工字裥、明工字裥、顺风裥等，如百裥裙。

（4）展开（波浪）：经旋转展开而成。如斜裙的波浪下摆。

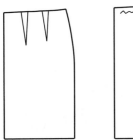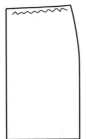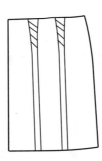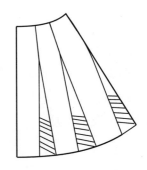

图1-6　结构设计的转变方式

2. 常见的裙装装饰设计（图1-7）

装饰，就是在服装上增加及点缀某些造型元素进行再设计，使衣料增加立体层次感及表现力。在裙装中，装饰的方法、材料繁杂多样，从而形成的风格也差异较大。从实现方法上看，装饰手法是为了适合人体及款式造型的需要而将衣料进行处理设计，一般是采用立体裁剪进行创意。常见的装饰方法如下：

（1）缠绕：利用不同软性的面料或辅料的可塑性进行再设计，如缠、绕、拧、披、挂等手法形成肌理效果，以表达自由、随意、古典之美。

（2）拼接：利用不同质感材料的织物进行再设计，如不同的色彩拼接、面料拼接、款式结构拼接产生不同且丰富的效果。从装饰手法上看，拼接更加自由、发散、多向，视觉冲击感强烈，具有大胆、个性、时尚等特点。

（3）透视：利用薄透性面料或在造型上做镂空等的一种表现手法，形成内部透显。从设计手法上，讲究透视的部位、材料、层次，具有通透、唯美、神秘、性感效果，大胆表现出女性的体态美。

（4）折叠：将面料经过直线或曲线折叠、有规律或无规律折叠等形成不同的效果。从设计手法上，在结构上有发散、多变、巧妙、创意性等，具有生动、个性、抽象的特点。

（5）重复：相同或相近的元素按照一定的构成规律反复出现的一种表现手法。一般需注重元素的位置、大小、规律，具有生动、律动、充满张力的特点。

缠绕　　　　拼接　　　　透视　　　　折叠　　　　重复

图1-7　装饰手法设计

二、裙装材料的选用

（一）面料

1. 面料的选用要求

（1）应根据设计风格、目标人群、不同季节，选择相适宜的面料。

（2）要考虑市场定位、价格等。

2. 常用面料（表1-1）

表1-1　常用面料

类别	名称	特点	适用款式
化学纤维织物	雪纺	一般采用涤纶为原料，经左右加捻后织造而成，色彩鲜艳、轻薄、透气，手感柔软，使女性增添千般百媚与万种风情	休闲裙、礼服
	黏胶纤维织物（人造棉）	价格便宜，柔软舒适，特别亲肤，垂感好，吸湿性好，用其缝制裙子，穿着凉快。但缩水率大，不够飘逸	休闲裙、家居服
	丝绒	明亮、悦目、轻盈滑爽、绚丽多彩，尽显高贵典雅	休闲裙、礼服
	蕾丝	在网纱面料上采用绣花工艺，具有温柔、优雅、华丽、性感的象征，极富女人味	休闲裙、礼服
丝织物	锦缎	富丽堂皇、别具一格，保型性好，常采用桑蚕丝织造。光泽柔和、自然、色彩纯正、鲜艳、高贵，品位在众多织物之上	礼服、表演服
	双绉	表面有细微均匀的皱纹，质感轻柔、平滑，色泽鲜艳柔美，富有弹性，穿着舒适、凉爽，但缩水率较大	休闲裙、礼服
毛织物	混纺呢、花呢等	身骨挺括，富有弹性和悬垂性，色彩柔和，是高级职业装的首选	制服裙
棉织物	棉针织布	柔软、吸汗、透气、弹性大，活动方便，经济实惠	休闲裙、睡衣、家居服
	印花细布、提花布	光泽柔和，吸湿透气，亲肤舒适，使用广泛	休闲裙、民族服装
	牛仔布	通常采用7~11.5盎司，挺括，布面平整，强度高，通过丰富洗水产生不同的外观及手感	休闲裙、工装裙

（二）里料

1. 里料的选用要求

（1）吸湿、透气、亲肤。由于裙装里料一般需直接接触皮肤，故要充分考虑人体穿着的舒适度及服用性能。

（2）防透、遮掩人体。当裙装面料薄、透时，里料需起到防透的作用。注意里料的质地、密度、厚度，这决定里料能否起到掩饰人体的作用。

（3）造型作用。里料在满足人体穿着的前提下，还要对产品廓型起到支撑、保型或修正体型的作用。这在婚纱、礼服及表演服中尤为重要。

（4）与面料匹配。增加里料后，与上、下裙的层数、厚薄是否合适，弹性、密度与面料是否匹配。

2. 常用里料（表1-2）

表1-2 常用里料

种类	特点	适用款式
涤塔夫	以涤纶为原料，选用平纹纹理在喷水织机上交织而成，手感柔软滑爽，不易纰裂、褪色，光泽亮丽，价格低廉，不够悬垂，多用于中低档服装	休闲裙
乔其纱	光滑、质地美观，凉爽感好，静电小，但不牢固，价格较高	礼服
醋酯长丝织物	以其良好的舒适性与多样化的品种成为中高档服装常用的里料，缩水率小，手感、光泽、质地与丝质里料相似，但价格略高	职业装
针织布	柔软、吸汗、透气、弹性大，活动方便，经济实惠。如与透明的雪纺裙配合使用，既起到充分体现人体曲线，又起到防透的作用	休闲裙、家居服
平纹棉布	吸湿性好，穿着舒适，价格适中，但是不够光滑。在休闲服装中较多使用，一般来说棉布里料与棉布面料搭配使用比较协调	休闲裙

（三）其他辅料

1. 其他辅料的选用要求

（1）与产品风格、面里料材质相匹配。

（2）保型、支撑，满足穿脱开口功能。

2. 常用其他辅料（表1-3、图1-8）

表1-3 常用其他辅料

种类	特点	适用部位
黏合衬	裙装面料一般较薄、软，防止裙片出现拉长、变形，起到衬垫、防止爆口、支撑、保型的作用。常用黏合衬一般分为有纺衬、无纺衬。将黏合衬切割成宽度较窄的牵条，在衣片局部使用能充分起到保型、利于生产且不外露的作用	领口、领子、袖窿、门襟、拉链位、开衩位及易走形的边缘部位
拉链	有金属拉链、尼龙拉链、树脂拉链等几种。在裙装中最常用的是 3# 、4# 隐形尼龙拉链，起到开合方便穿脱，又不影响服装整体效果的作用	后领、腰部、腋下等开口部位
风纪扣	在开口部位使用，一般与隐形尼龙拉链配套使用	后领、腰部等部位
花边、蕾丝	多用于装饰部位，较为精致、性感、俏皮	领口、袖口、前胸、腰部、下摆等部位
弹力扣襻	一般用于后领开口、门襟部位的固定，方便衣服穿脱	开口或开衩处
弹力带	起收缩作用，有不同宽度、不同弹性等型号，还可制成纤细的弹力线作为缝合线	腰部、袖口、领口等部位

隐形拉链　　　　　　风纪扣　　　　　　蕾丝　　　　　　弹力扣襻

图1-8 常用其他辅料

三、服装号型及女子中间体参考尺寸

裙装的规格标示方法通常采用"号/型体型"的格式。

连衣裙：160/84A，其中160代表号（身高），84代表型（胸围），A代表体型分类。

半身裙：160/66A，其中160代表号（身高），66代表型（腰围），A代表体型分类。

目前，国内女子服装号型标准为GB/T 1335.2—2008《服装号型 女子》。标准提供了各体型的主要部位数据，但由于是指导性文件，所涉及的测量部位相对较少，在实际应用中要进行数据补充与调整。以中国、日本等基础体型数据为依据，结合国内各品牌人台数据，并对中间体真人模特进行详细测量，制作出一组比较实用的A体型中间体各部位数据（表1-4、图1-9），以供参考。

表1-4 女子中间体160/84A尺寸　　　　　　　　单位：cm（肩斜除外）

分类	部位	测量说明	尺寸
垂直方向（长度）	身高	头顶至脚底	160
	头高	头顶至第7颈椎骨	24
	颈椎点高	第7颈椎骨至脚底	136
	臂根底深	第7颈椎骨至手臂根部最低点	17
	背长	第7颈椎骨至腰围线	38
	后身长	颈肩点至后腰围线	40.5
	前身长	颈肩点经胸高点至前腰围线	42
	下体高	腰围线至脚底	98
	腰至臀高	腰围线至臀围线	18
	股上长（裆深）	腰围线至裆底	26
	膝长	腰围线至膝盖	55
	膝高	膝围线到脚底	43
	臂长	肩峰点经肘点至尺骨下端	52
水平方向（围度）	头围	过前额丘、后枕骨水平一周	56
	颈根围	过前颈点、侧颈点、后颈点（第7颈椎）一周	37.5
	胸围	过乳点水平一周	84
	胸下围	过乳房下部水平一周	72
	腰围	过腰部最凹处（与手肘平齐）水平一周	66
	中臀围	又称腹围，腰围线至臀围线1/2处水平一周	83
	臀围	过臀最凸处（大转子点）水平一周	90
	腿根围	裆底大腿根水平一周	52
	膝围	过膝盖（髌骨）水平一周	35
	小腿围	过小腿最凸处水平一周	34
	脚踝围	过踝关节水平一周	22.5
	臂根围	经肩峰点、前后腋点水平、腋下测量一周	36
	臂围	过手臂最丰满处（肱二头股）水平测量一周	28
	肘围	过手肘关节最宽处水平一周	27
	腕围	过腕关节水平一周	16
	手掌围	手掌最宽处一周	21

续表

分类	部位	测量说明	尺寸
水平方向 （宽度）	肩宽	自肩的一端经后颈点（第7颈椎）至肩的另一端	38
	前胸宽	左、右前腋点（胸与上臂汇合所产生夹缝的止点）间距	30
	后背宽	左、右后腋点（后背与上臂汇合所产生夹缝的止点）间距	33
	乳间距	左、右BP点（胸部最高点）间距	18
其他方向	乳上长	侧颈点至BP点（胸部最高点）的距离	24.5
角度	肩斜	侧颈点水平线与肩线的角度	21°

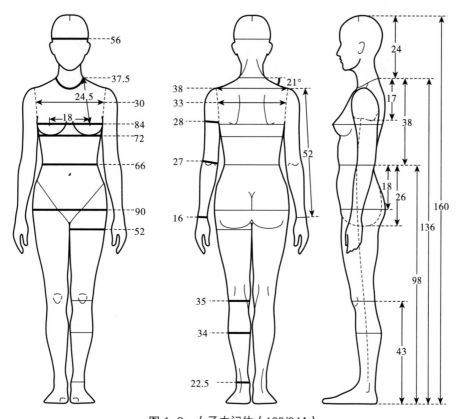

图1-9 女子中间体（160/84A）

（图中无箭头粗实线表示围度，有箭头粗实线表示长度或宽度）

四、成衣规格测量方法

成衣尺寸，指服装制作完成后，手工测量成品各部位的尺寸。需要按照统一的测量方法和手势来进行测量，以确保测量结果的一致性。

（一）常见测量手法（图1-10）

裙装一般较单薄，常见测量手法多采用平铺放平测量、抽褶部位采用拉开测量、弧形部位弧形测量等方法，使生产过程中成衣尺寸得到控制，确保成衣板型的稳定。

1. 平铺测量（平量）

平铺测量，即把服装放平，不施加拉力，在自然状态下进行测量。

2. 拉开测量（拉量）

拉开测量，即把服装放平，在测量点施加拉力，将衣服抽褶量拉开进行测量（适用弹力橡筋带收缩的部位）。

3. 弧形测量（弧量）

合体连衣裙在收胸省、收腰较大的情况下，胸围呈立体状态，无法平放于桌面，此时应采用在胸围处折起弯量的方法来得到胸围的尺寸。

在展开量较大的裙下摆处，按底边弧形测量，可检验展开的波浪是否准确。

平铺测量　　　　　　　　拉开测量　　　　　　　　弧形测量

图 1-10　常见测量手法

如果是婚纱、礼服类服装由于内衬较厚，并对尺寸要求较高的款式，可采取在服装胸围线等位置逐片测量的手法，尺寸更为精准。

（二）测量方法

1. 连衣裙（表 1-5、图 1-11）

表 1-5　连衣裙测量方法

序号	成衣部位	测量方法	说明
1	后中长	后中垂直测量	从后领口的中点至后下摆底边中点测量
2	肩宽	水平测量	从一端肩点至另一端肩点，水平测量
3	后背宽	水平测量	距离后领口中点下 10cm 的位置，左、右袖窿水平测量
4	前胸宽	水平测量	距离侧颈点下 12cm 的位置，左、右袖窿水平测量
5	胸围	水平测量	距袖窿底下 2.5cm 处，左、右两侧水平测量（适用无胸省、腰省、可以放平的款式）一周
		弧形测量	距袖窿底下 2.5cm 处，大身上下对折后，沿胸部弧形测量（适用有胸省、腰省、不能放平的款式）
6	腰节长	后中垂直测量	从后领口中点至后腰节位置测量（此尺寸用于确定腰节位置）
7	腰围	腰节位测量	腰节位置处，左、右水平测量一周
8	摆围	水平测量	下摆两侧点，水平测量一周（适用于较平直下摆的款式）
		沿边测量	下摆两侧点，沿下摆底边测量一周（适用于较大的弧形下摆的款式）
9	袖长	肩点下量	从肩峰点处至袖口测量
10	袖窿围	袖窿弧量	沿前、后袖窿一周测量
11	袖肥	水平测量	距离袖窿底下 2.5cm 处，与袖中线垂直
12	袖口围	水平测量	袖口放平测量
13	领围	沿领口测量	沿缝领缝位处测量。无领款式，沿领口边测量一周

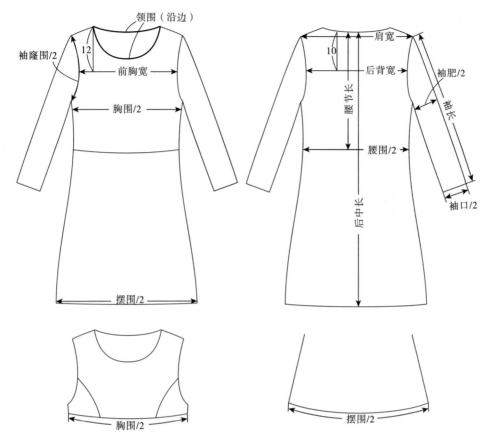

图 1-11 连衣裙测量方法

2. 半身裙（表 1-6、图 1-12）

表 1-6 半身裙测量方法

序号	成衣部位	测量方法	说明
1	后中长	后中垂直测量	从后腰中点至后下摆底边中点（含腰头）测量
2	腰围	水平测量	前、后腰头对平齐后，沿上口边测量
3	臀围位	腰顶向下	从腰顶向下至臀最凸处，左侧、右侧共取两点
4	臀围	水平测量	臀围位处，水平测量（适用臀部合体半身裙）
		V 型测量	臀围位处，距左侧边、前中、右侧边分别取距腰顶相同的位置，呈 V 型度量（一般适用于较弯型的腰、下摆较大的 A 字裙）
5	摆围	水平测量	下摆两侧点，水平测量一周（适用于比较平直下摆的款式）
		沿边测量	下摆两侧点，沿下摆底边测量一周（适用于较大弧形下摆的款式）
6	腰高	后中垂直测量	腰头上口边量至下口边
7	拉链长	开口测量	从拉链上止口量至下止口处
8	袋口	水平宽 / 侧边高	袋口上水平宽 / 袋口侧边高
9	贴袋	袋口宽 / 中高	袋口沿边宽 / 袋中间高度
10	单（双）嵌线袋	长 / 宽	沿边测量长 / 宽

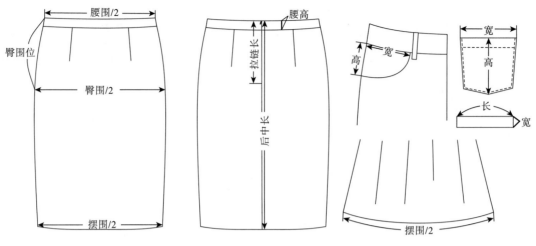

图 1-12　半身裙测量方法

3. 裙裤（表 1-7、图 1-13）

表 1-7　裙裤测量方法

序号	成衣部位	测量方法	说明
1	裤长	外侧垂直测量	从腰口至脚口，沿裤子外侧拉直测量（含腰头）
2	腰围	水平测量	前、后腰头对平齐，沿腰口边测量一周
3	臀围位	腰顶向下	从腰顶向下至臀最凸处，左侧、右侧共取两点（一般适用于中腰及高腰）
			从腰顶向下至臀最凸处，左侧、右侧、前中共取三点（一般适用于中低腰及低腰）
4	臀围	水平测量	臀围位处，水平测量一周（一般适用于中腰及高腰）
		V 型测量	臀围位处，距左侧边、前中、右侧边分别取距腰顶相同的位置，呈 V 型度量（一般适用于前中较低的中低腰、下摆较大的裙裤）
5	腿围	水平测量	距档底下 2.5cm 处，左、右两侧水平拉平测量一周
6	膝位	档底向下	从档底下至膝围位置（此尺寸用于确定膝围线位置）
7	膝围	水平测量	在膝位处水平测量一周
8	裤脚口围	水平测量	裤脚口放平，水平测量一周
9	前档	沿前档测量	沿前档缝测量（含腰头）
10	后档	沿后档测量	沿后档缝测量（含腰头）

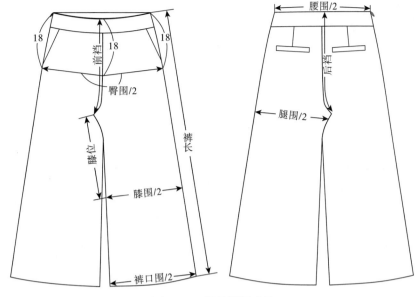

图 1-13　裙裤测量方法

在产品开发中，胸围、袖肥、腿围（脾围）等成衣尺寸，习惯从袖窿底点（或裆底）下 2.5cm 处测量，因为袖窿底点处由于大身侧缝与袖底缝缝份的交叠，使成衣厚度增加，服装不易摆放平整从而影响尺寸测量的准确度。因此在大货质检人员（QC）查货时，测量尺寸往往在袖窿底点下 2.5cm 处进行。

但在进行纸样设计时，需要的是袖窿底点的尺寸，因此打板师首先应将袖窿底点下 2.5cm 的成品规格根据经验折算到袖窿底点下尺寸设计纸样。待样衣完成后，根据实际情况进行调整，以保证袖窿底点下 2.5cm 的成品规格。这种标注方法在实际生产中多见。

为便于学习及运用，在原型中胸围采用袖窿底点，在具体款式案例中采用袖窿底点向下 2.5cm，后文不再特别备注测量方法。

五、成衣常用规格制定原则

服装为适应人体正常生活常态下的运动、穿脱、美观等需求，需要适当的放松量及在安全尺寸范围内，避免影响着装形态及肢体动作，从而被正常生活状态所接受。常见女子中间体规格尺寸制定原则如下。

（一）女子中间体围度规格尺寸制定原则（表 1-8）

表 1-8　围度规格尺寸制定原则

序号	部位	尺寸基本要求	参考尺寸
1	领口	能够将头部从领口处套进和脱出，并考虑到不过于暴露胸部、外露文胸肩带	套头式领口围或拉开尺寸不小于 56cm，或者后中开口打开后总围度不小于 56cm
2	胸围	结合面料弹性及款式确定尺寸	针织面料的胸围尺寸可比人体的胸围尺寸小，结合面料弹力的大小及款式合体度的要求，一般设定为 76~82cm 机织面料的弹力小或无弹力，需要考虑人体呼吸及人体活动的伸展量，胸围尺寸比人体尺寸加放不能少于 3~4cm

序号	部位	尺寸基本要求	参考尺寸
3	腰围	连衣裙根据款式特点来确定尺寸。半身裙直接影响人体的舒适度及腰围线的高低	连衣裙腰围：合体板型腰围可取 72~75cm，修身板型可取 68 cm（通常适用于有弹力的面料），紧身板型可取 66~68 cm（通常适用于紧身礼服） 半身裙腰围：腰围线为中腰可取 66~68 cm，低腰可取 70~75 cm，高腰可取 68 cm（往上的腰口可适当加大）
4	臀围	根据款式特点、面料弹力的大小来决定规格	针织面料的臀围尺寸可比人体的臀围尺寸小，结合面料弹力的大小及款式合体度的要求，一般设定为 78~88 cm 机织面料的弹力小或无弹力，需要考虑人体行走、蹲坐、活动的伸展量，一般臀围尺寸要比人体尺寸加放不少于 3~4 cm
5	袖窿围	袖窿深偏高的款式，以没有卡住腋窝、人体舒适为原则；袖窿深偏低时，无袖款需不暴露（文胸外露），有袖款需抬手臂时舒适无牵拉感	袖窿深偏高的，无袖袖窿围不小于 40 cm，有袖袖窿围不小于 43 cm；袖窿深偏低的，无袖袖窿围不大于 43 cm，有袖袖窿围不大于 46 cm（宽松夸张款式除外）
6	袖口围	长袖：不小于手掌能通过的尺寸 中袖：不小于袖口所在的手臂围尺寸，包括两用袖（用袖襻把长袖袖口卷起来变成中袖） 短袖：不小于臂围尺寸（通常还会增加一定活动松量）	长袖袖口：有开衩时不小于 20 cm，无开衩时不小于 22.5 cm 中袖袖口：6~7 分袖不小于 27 cm，5 分袖不小于 29 cm 短袖袖口：不小于 30 cm
7	摆围	人体基本的行走形态主要分为步行、登台阶，在设计上，摆围尺寸应满足人体行走的需求，还要根据服装的功能、穿着场所来合理设定	标准体型的女性迈一步，其前、后最大距离为 65 cm 左右（指前脚尖至后脚跟的距离），折算成围度约为 130 cm，相应的膝围一周为 82~109 cm，如图 1-14 所示。 具体款式的摆围与裙长有直接关系，如图 1-15 所示

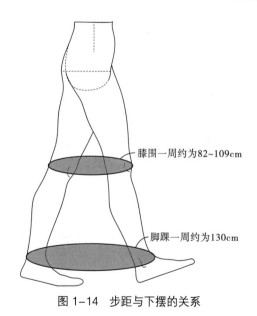

膝围一周约为82~109cm

脚踝一周约为130cm

图 1-14 步距与下摆的关系

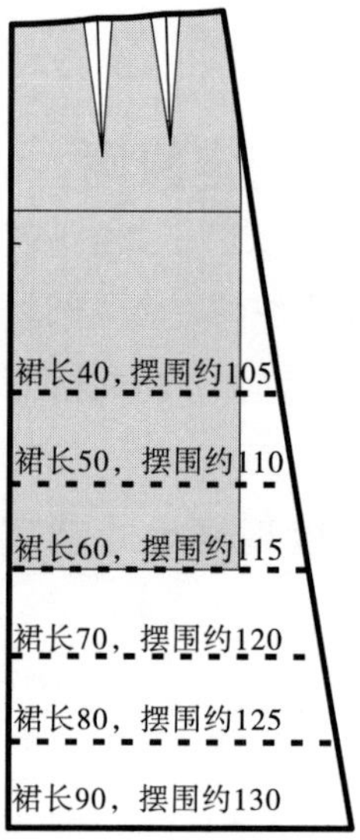

裙长40，摆围约105

裙长50，摆围约110

裙长60，摆围约115

裙长70，摆围约120

裙长80，摆围约125

裙长90，摆围约130

图 1-15 下摆围度参考值

（二）女子中间体长度规格尺寸制定原则（表 1-9）

表 1-9　女子中间体长度规格尺寸制定原则

序号	部位	尺寸基本要求	参考尺寸
1	裙长	最长裙长：后摆裙长可以拖地，根据款式设计定长即可；前摆裙长，要考虑行走方便，以不超过足背为宜 最短裙长：需防止太短造成内裤外露等不雅的现象	最长裙长：从腰围线至下摆底边的长度为 98~100cm 最短裙长：通常不短于 38~40cm，根据款式穿着季节，要考虑增加衬裤（打底裤）的设计 连衣裙裙里裙长：一般裙长从臀围线向下不小于 26cm
2	袖长	长袖袖口至腕关节向下 2cm 较适合，短袖袖口至上臂的三分之一处为参考	长袖袖长：肩峰点至袖口 56~58cm 七分袖袖长：肩峰点至袖口 44~46cm 中袖袖长：肩峰点至袖口 32cm 短袖袖长：肩峰点至袖口 14~18cm；贝壳袖袖长：9cm
3	开衩长	按设计风格，以满足行动的功能需求与防走光的安全需求为原则	最长开衩长：以不显露内裤为原则，侧边开衩可以比前、后开衩略高（通常腰围线下 38~40cm 为开衩顶位） 最短开衩长：满足基本迈步的需求（开衩顶位的水平围度能满足图 1-15 所示数值）
4	拉链长	根据款式结构特点设置拉链位置及尺寸。原则上要保证穿脱方便，连衣裙肩部、臀部要能够通过，半身裙要使臀部能够通过	连衣裙后中拉链长：后领口中点下 46~50cm 连衣裙腋下拉链长：袖窿底点 2.5cm 下 27~30cm 半身裙拉链长：腰围线下 18~20cm

第二部分　结构设计实训

第二章　原型结构制图与工业纸样制作

　　不同的国家、地区针对各自本土的人体特征、穿衣习惯，会有不同的服装原型，考虑到日本服装技术在国内应用广泛，其采用的参数也较适用于我国人体型，所以，裙原型、合体型上衣原型均采用日本文化式原型，并结合基本原理与实践经验，延伸出紧身型上衣原型、连衣裙原型等。

　　通常女式服装的门襟为右身在上、左身在下，称为"右搭左"。所以制图时，常规女式服装结构只画右半身。

一、半身裙原型

（一）制图相关参数（表2-1）

表2-1　制图相关参数（160/66A）　　　　　　　　　　单位：cm

序号	人体部位	尺寸	制图部位	尺寸	备注
1	净腰围（W）	66	腰围	67	加1cm松量
2	净臀围（H）	90	臀围	94	合体型，人体穿着舒适的基本放松量（面料无弹性）
3	膝线（KL）	55	裙长	60	略超过膝盖位置（视款式而定）
4	臀高（WH）	18			

（二）原型结构制图（图2-1）

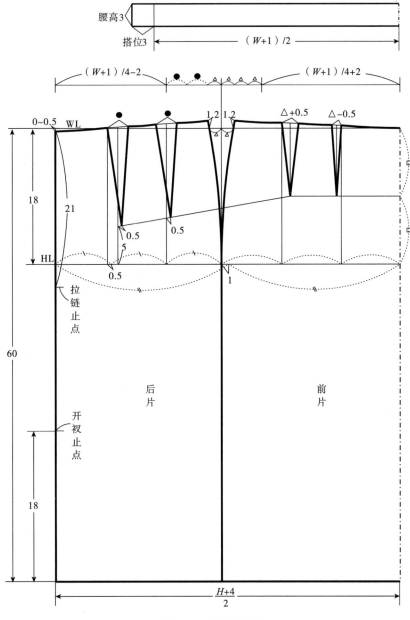

图2-1 半身裙原型

二、合体型上衣原型

（一）制图相关参数（表2-2）

表2-2 制图相关参数（160/84A） 单位：cm

序号	人体部位	尺寸	制图部位	尺寸	备注
1	净胸围（B）	84	胸围	96	加放12cm松量，受收省影响，实际成衣后尺寸约92cm
2	净腰围（W）	66	腰围	72	加6cm松量
3	背长（L）	38			

（二）原型结构制图（图2-2、图2-3）

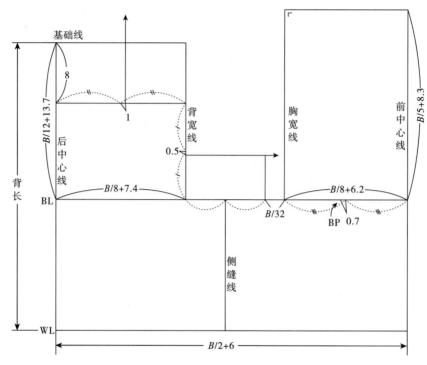

图2-2　合体型上衣原型框架

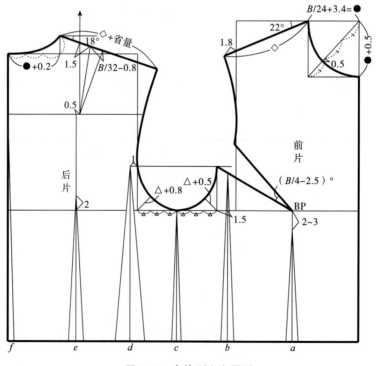

图2-3　合体型上衣原型

腰省总省量 = （B/2+6cm）-（W/2+3cm）=12cm，各省量以总省量为依据参照分配比率计算。图中 a、b、c、d、e、f 各腰省量的分配比例及数值，如表 2-3 所示。

表 2-3　腰省量分配　　　　　　　　单位：cm

腰省量	f	e	d	c	b	a
	7%	18%	35%	11%	15%	14%
12	0.84	2.16	4.2	1.32	1.8	1.68

三、紧身型上衣原型

礼服通常是贴身效果，而常规合体型上衣原型是含有一定活动松量的，显然不太适用于礼服品类，因此需要用到紧身型上衣原型，以下为紧身型上衣原型的制图方法。

（一）制图相关参数（表 2-4）

表 2-4　制图相关参数（160/84A）　　　　　　　　单位：cm

序号	人体部位	尺寸	制图部位	尺寸	备注
1	净胸围（B）	84	胸围	86	穿着时因内有文胸，比人体尺寸略有加放。有袖不露肩款，胸围需再加大
2	净腰围（W）	66	腰围	67	腰围略加放少许松量
3	净臀围（H）	90	臀围	94	为突出腰臀差，臀围尺寸一般加放量稍多
4	净中臀围（MH）	83	中臀围	84	中臀围尺寸不可比人体净尺寸小

（二）原型结构制图（图 2-4、图 2-5）

将合体型上衣原型前、后袖窿宽各减小 0.5cm，1/2 背宽减小 0.5cm，前片以胸高点为中心，左右各减小 0.25cm，则半胸围共减小 2cm。袖窿深上抬 2cm。

前片袖窿省合并，转移到肩缝处。从腰围线向下 18cm 作臀围线。在腰围线上，前腰省收 4cm，前、后侧缝各收 2cm，后腰省收 3cm，后中缝收 1cm。后腰省在腰围线向下 11cm 处作省尾。前腰省尾在臀围线处收进 1cm，前、后侧缝各放出 1.5cm，分别作前后腰省、侧缝的连线。注意中臀围尺寸不可小于 83cm。

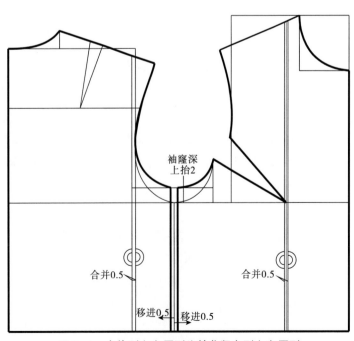

图 2-4　合体型上衣原型为转化紧身型上衣原型

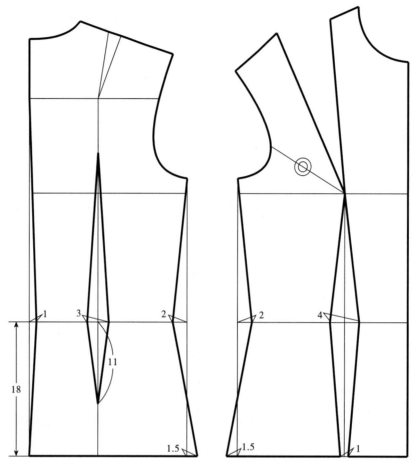

图2-5 紧身型上衣原型

（三）齐胸紧身上衣原型（图2-6）

齐胸款（指领口在胸部以上），从胸高点向上不少于9cm，否则易走光。胸省量需额外增加1/2以上的省量，在两侧平分。一般领口尺寸（沿边量）比胸围小3.5cm左右。胸高点上下各5cm处，在侧片处有0.4cm的吃势量（与普通合体型服装相比，吃量位置相反）。

按拼接下裙的造型，在纸样上作拼接造型线，由于婚纱、礼服为突出腰臀差有较长的拖尾，后中下摆可适当放出外翘量。

（四）有肩带（或有肩）紧身上衣原型（图2-7）

有肩带款原型，袖窿深需根据是否有袖，进行深度调整。无袖不要过深，否则腋下易走光。根据领口距胸高点的距离，而调整前领口处增加的胸省量，位置越高，额外增加的省量越少。如果是有肩款，不需要额外增加胸省量。

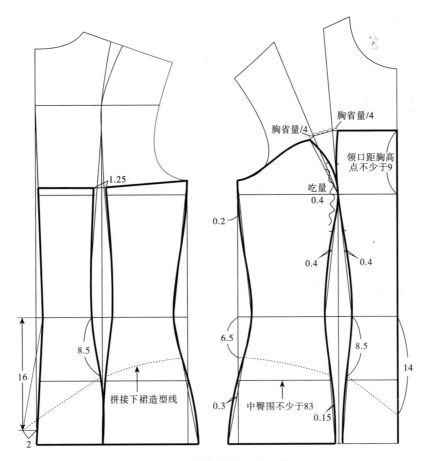

图 2-6　齐胸紧身上衣原型

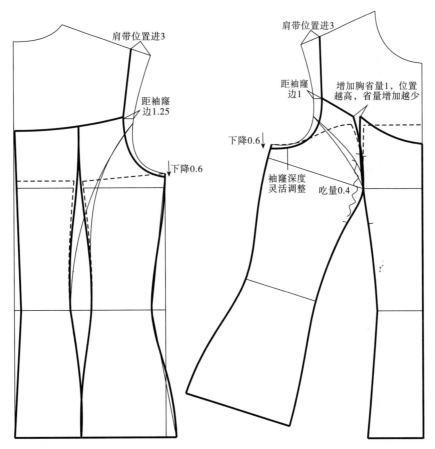

图 2-7　有肩带（或有肩）紧身上衣原型

四、连衣裙原型

（一）制图相关参数（表2-5）

表2-5 制图相关参数（160/84A） 单位：cm

序号	人体部位	尺寸	制图部位	尺寸	备注
1	净胸围（B）	84	胸围	96	合体原型尺寸。受收腰省影响，实际胸围尺寸约92cm
2	净腰围（W）	66	腰围	74	加8cm松量
3	净臀围（H）	90	臀围	94	视款式

（二）原型结构制图（图2-8）

将合体型上衣原型上部与半身裙原型在腰部进行拼接，参考合体型上衣原型的腰省分配比例，按照最常见的收省（或分割）位置对腰省量重新分配，从而进行绘图即可得到连衣裙原型。

五、袖原型

（一）袖原型制图方法

1.日本袖原型制图

根据大身袖窿围（AH）来进行作图，取袖山高值为AH/3，前袖山斜线值为AH/2，后袖山斜线值为AH/2+1cm。此方法相对简单，便于掌握，但由于比例是固定的，其板型也比较固定，所以不太适合直接用于各种不同合体度的袖型（图2-9）。

2.定寸法袖制图

根据不同袖型的需要制定袖肥值、袖山高值，从而直接进行作图。

确定袖山高与袖肥后，袖山的基本结构也已确定，在此基础上，袖山曲线的走向与造型还要参考其他一些参数，如图2-10所示。

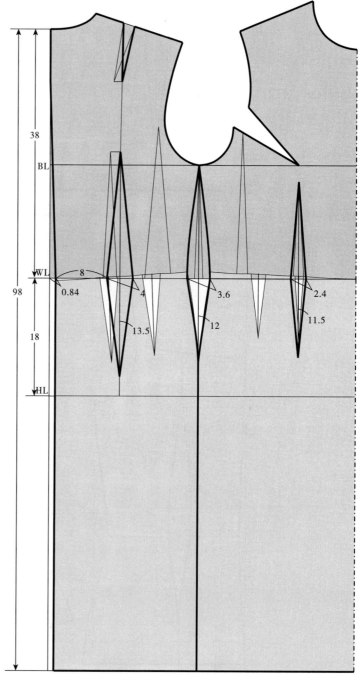

图2-8 连衣裙原型

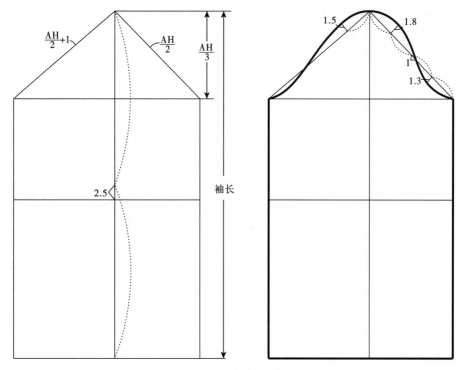

图 2-9　日本袖原型制图

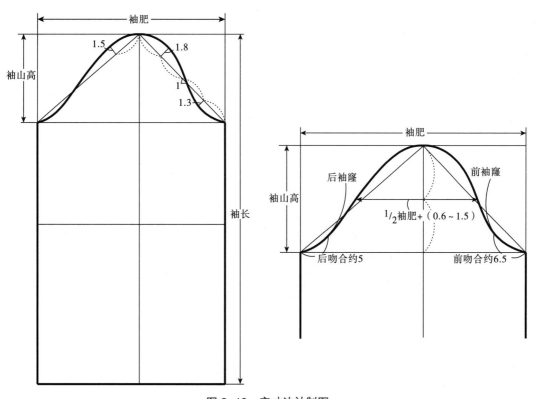

图 2-10　定寸法袖制图

（1）1/2 袖山高处（又称中袖肥位置），水平横向宽度取 1/2 袖肥，再加 0.6~1.5cm（袖肥越小，增加值越大）。

（2）后袖山下端曲线与后袖窿要匹配，通常吻合长度约 5cm。

（3）前袖山下端曲线与前袖窿要匹配，通常吻合长度约 6.5cm（在实际操作中，前后袖山下端与袖窿曲线的吻合长度与袖子的合体程度有变化。越合体，吻合长度越长，反之越短）。

此方法相对应用更广一些（适于有丰富经验的打板师），因为更能体现袖子的变化规律，即袖山高与活动性能的关系：袖子张开角度，是袖中线与重垂线之间的夹角，此夹角的大小基本决定了袖子的活动性能（图2-11）。

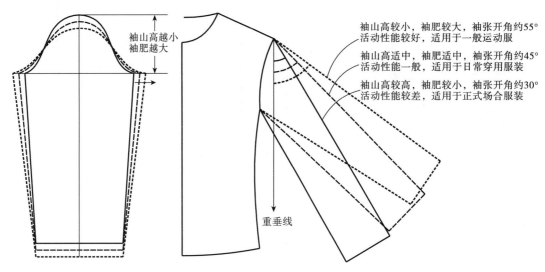

图2-11　袖山高与活动性能的关系

（二）常用袖型制图

1. 合体型长袖

合体型长袖可在日本袖原型制图的基础上进行制图，将袖口收小即可得到。制图相关参数如表2-6所示。

表2-6　成品规格（160/84A）　　　　　　　　　　　　　　　　单位：cm

序号	人体部位	尺寸	制图部位	尺寸	备注
1	臂围	28	袖肥	32	略有松量
2	腕围	16	袖口围	23	略有松量
3	臂长	52	袖长	56	穿着后在人体手腕尺骨下端，可根据款式需要调整
4	臂根围	36	袖窿围	44.5	袖山吃量2cm

合体型长袖结构制图如图2-12所示。

2. 礼服型长袖

礼服类袖子较符合人体胳膊的弯势，可在合体型长袖的基础上进行制图。制图相关参数如表2-7所示。

礼服型长袖结构制图如图2-13所示。

（1）复制合体型长袖。设定袖子在肩部包住肩头1cm，袖山高需增加4cm（视面料材质）。袖山省长9.5cm，省宽4.5cm。

（2）将后袖缝从肘部剪开后，袖中线向前在袖口处重叠3cm。后袖缝比前袖缝长约2.5cm，可通过收省或打褶的方式，处理前、后袖缝差。

（3）将前、后袖缝处理成弧形，但需注意确保袖肘尺寸。

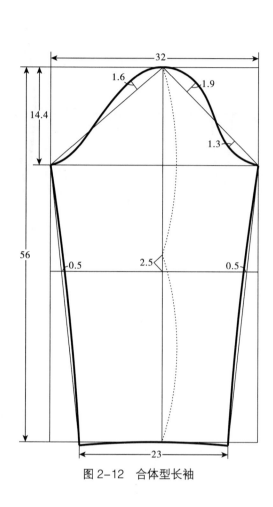

图2-12 合体型长袖

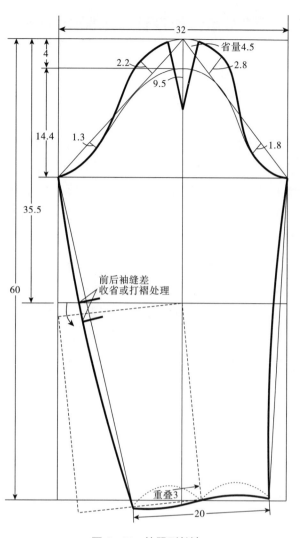

图2-13 礼服型长袖

表2-7 制图相关参数（160/84A） 单位：cm

序号	人体部位	尺寸	制图部位	尺寸	备注
1	臂围	28	袖肥	32	略有松量
2	肘围	26	肘围	27.5	略有松量
3	腕围	16	袖口围	20	面料有弹性
4	臂长	52	袖长	60	穿着后在人体手腕尺骨下端
5	肘长	31.5	袖肘位置	35.5	由于款式为袖山头收省，在肩部包肩1cm，袖山高加高4cm
6	臂根围	36	袖窿围	46	袖山吃量2cm

六、裙装常用结构设计基本原理

（一）线型的处理

线条造型在女装制板中占有极其重要的位置。线条的曲向、走势需根据人体的体形、款式的造型而设计，线型不仅要满足人体体型的需要，还要保证设计意图中美感的要求。以下以常用的三种省道线型为例，说明线型的制图方法（图2-14）：

（1）锥形省：线条向内收，增加吸势。常用在胸省上。

（2）喇叭形省：线条向外收，有鼓出效果，满足人体凸出的量。常用在后臀腰省上。

（3）锥形省+喇叭形省：上段线条向内收，下段线条向外收；或上段线条向外收，下段线条向内收。在连衣裙中较常使用。

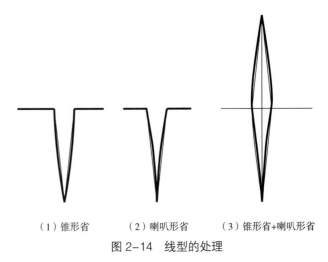

（1）锥形省　　（2）喇叭形省　　（3）锥形省+喇叭形省

图 2-14　线型的处理

此外，受面料丝缕的影响，左、右相拼合的两侧线条的弧度、布纹尽可能对称或相近，这样成衣后效果会较平整，不易起扭、起皱。

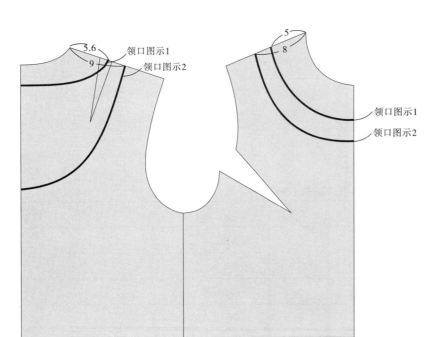

图 2-15　前后领宽的处理

（二）前后领宽的处理

在连衣裙中，大开领较常见，但要注意横开领的开口越宽，前后领宽的差数就越大。后肩省要转移到后领宽处，否则穿着时肩线易走后（图2-15）。

（三）胸省量的处理

（1）在连衣裙中，领口的高低对胸省量有直接的影响。一般来说，领口越低，胸省量需要增加的数值越大，这样领口处才贴体，不易走光（图2-16）。

（2）胸省量的大小应根据款式放松量的变化进行调整。一般来说，越宽松的款式，胸省量越小；越合体的款式，胸省量则越大。

（3）胸省转移时，需要注意由于女性胸凸量客观存在，制图时尤其要保持前、后衣长的平衡，否则会产生弊病。下面举例说明常见胸省量转移处理的方法（图2-17）：

①胸省量全部转移到腋下省：适用于合体板型，突出胸部造型的服装使用。

②胸省量分别转移到腋下省、腰节（或下摆）：适用于需要弱化胸省量，但袖窿等部位又要求合体的

服装使用。

③胸省量分别转移到袖窿、腰节（或下摆）：适用于略宽松型服装。袖窿有适当松量，下摆起翘量一般不超过2cm。

④胸省量全部转移到腰节（或下摆）：适用于超宽松型服装，如下摆有波浪的背心裙。下摆起翘量较大，此类服装需视面料的悬垂性使用。

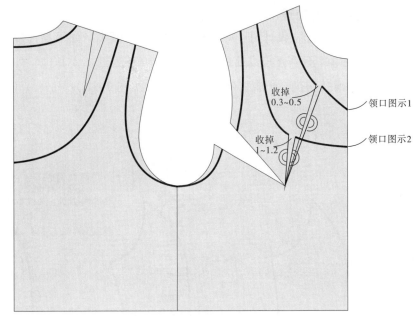

图2-16 领口高低对胸省量的影响

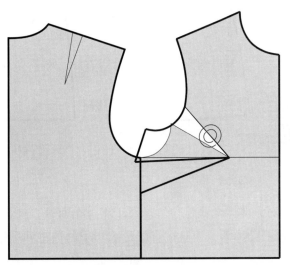

①胸省量全部转移到腋下省

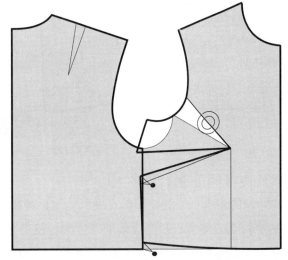

②胸省量分别转移到腋下省、腰节（或下摆）

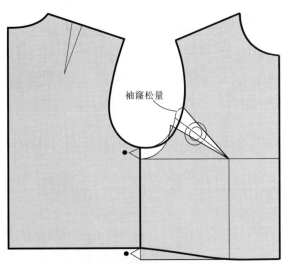

③胸省量分别转移到袖窿、腰节（或下摆）

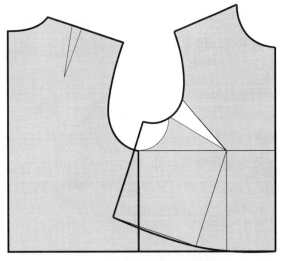

④胸省量全部转移到腰节（或下摆）

图2-17 胸省量的处理

（四）刀背缝的处理

进行刀背缝结构设计时，一般外弧线大于内弧线。如果是常规服装，可通过归拔工艺来完成，但裙装面料较轻薄，不适合归拔处理，故要进行修正处理，使其内、外弧线相等。另外，相拼接的弧线要尽量吻合，以避免起拱不平服、减小拼缝的难度（图2-18）。

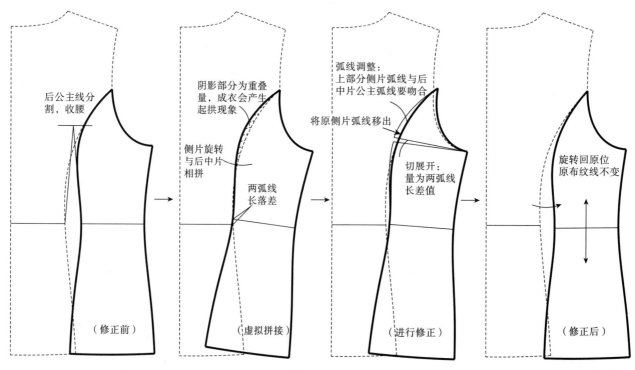

图 2-18　刀背缝的处理

（五）腰线高低的处理（图2-19）

通常所说的腰高低，是指服装穿在人体上，腰线相对人体腰的高低位置。对于半身裙而言，腰头是下裙最主要的受力部位，影响人体的舒适度、使半身裙不会掉落，而且还直接影响裙子的造型和风格。所以，设计时要参考以下原则：

（1）做低腰裙时，后腰不要下降太低（中腰裙为追求服装贴体，后腰口可比前腰口略低），要做成前腰低后腰高，越是低腰，前后腰落差越大。这样衣服平铺时外观较好看。

（2）侧腰位置不应低于髋关节，因为低于髋关节会使穿着不够稳定，甚至有滑落的风险，不可过于追求低腰，裙子在人体上穿着的位置要适宜。

（3）连衣裙腰线的高低直接影响产品的风格，腰线上抬，使下身显长，穿着更精神、年轻；腰线降低，款式休闲，穿着随意、放松。

（六）弯腰头板型的处理

通常，直接将腰省合并得到的腰头是比较弯的。

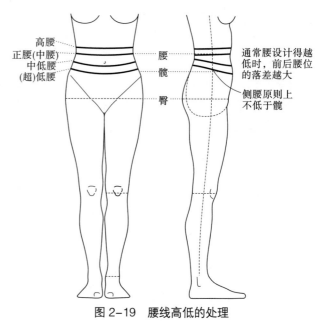

图 2-19　腰线高低的处理

但在实际生产中，为使成衣平铺后更美观，穿着时腰下口更贴体，生产时降低缝制难度，需要将腰头弧度减轻处理。操作方法如图 2-20 所示。

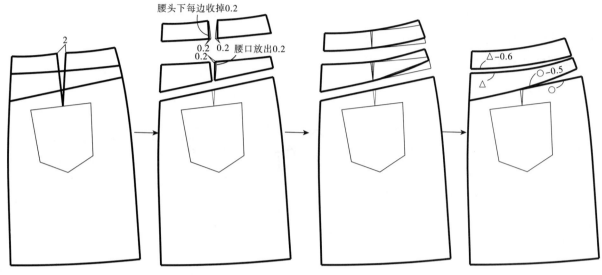

图 2-20　弯腰头板型处理

（1）腰口收省 2cm，省尖一般可以到达中臀位置。拼接后育克时，大身有 0.5cm 的吃量。

（2）育克合并腰省时，在腰口放出 0.2cm，此为绱腰头的吃量。降低了后育克缝的弧度，利于生产。

（3）合并腰头时，腰头下每边可收掉 0.2cm，每片共 0.4cm（具体可按面料纱线的紧密度），绱腰时总吃势量为 0.6cm。

（七）裙摆的局部修正

连衣裙、半身裙的下摆设计成扇形或圆形的情况较常见，此种造型的某些部位在结构上是斜向丝缕，这时往往由于面料自身的悬垂性出现成衣下摆底边不水平的现象，这时就需要做纸样上的修正。

修正的数值要视具体面料的特性而定。常规测试的方法是：将裙子悬挂一天，达到稳定状态后，将下摆底边按水平修剪平齐，再反过来根据修剪的量去除纸样上多余的量，使成品下摆底边达到水平效果，如图 2-21 所示。制作高档裙装时，每件裙装都需要悬挂一定时间，

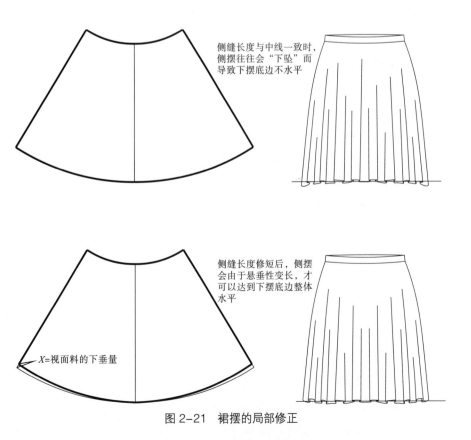

图 2-21　裙摆的局部修正

然后修剪下摆底边，再绲缝。

（八）扇形（圆裙）的制图方法

根据下摆的大小，可分为A字裙（1/4圆裙）、半圆裙（1/2圆裙）、全圆裙（360°圆裙），也包括任意角度的圆裙（扇形裙）。常用的制图方法有原型展开法、半径制图法。

1. 原型展开法（图2-22）

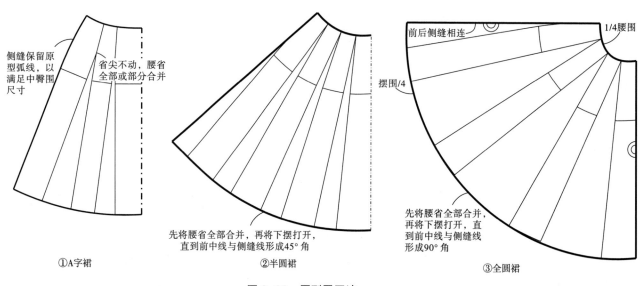

图2-22　原型展开法

2. 半径制图法

此方法是采用圆周的几何原理进行计算，腰围计算公式如下：

A字裙：腰围半径 $r=4$ 腰围 $/2\pi=2$ 腰围 $/\pi$

半圆裙：腰围半径 $r=2$ 腰围 $/2\pi=$ 腰围 $/\pi$

全圆裙：腰围半径 $r=$ 腰围 $/2\pi$

此外还需注意：

（1）在计算时，由于腰围为弧形，实际生产中易拉大，所以根据弧度大小，腰围尺寸应减小0.5~1.5cm。

（2）A字裙：下摆较小，如在腰部与下摆连成直线的情况下，臀部（或中臀部）尺寸偏小，不能满足人体尺寸，在腰部侧缝处应增加腰省量（图2-23①）。

（3）半圆裙、A字裙：布纹线按前、后中心线方向（图2-23①②）。

（4）全圆裙：布纹线与前中位置为45°斜纹，这样前后中斜纹，成衣效果较好看（图2-23③）。

制图方法如下：

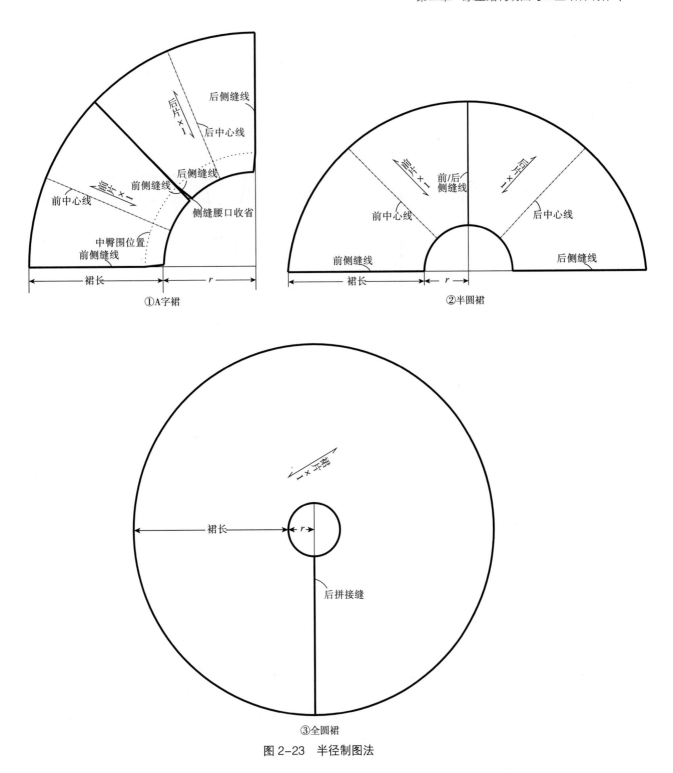

①A字裙

②半圆裙

③全圆裙

图 2-23 半径制图法

七、裙装面、里料工业纸样制作

（一）半身裙

带里西装短裙的制作工艺相对较复杂，具有代表性，故以此为例来演示工业纸样的制作，其他款式可参考相应的原理来进行设计。

1. 面料纸样

缝份设定：除下摆外，其余缝份均为 1cm；下摆缝份需根据折边宽度而定，通常可设定缝份为 5cm，其中 1cm 用于与里料缝合，4cm 作为折边宽（图 2-24）。

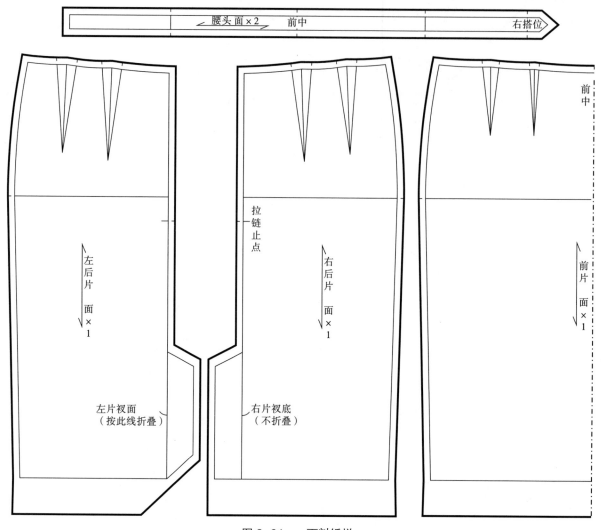

图 2-24　面料纸样

2. 里料纸样（图 2-25）

此例短裙是带里子的工艺做法，且后中开衩，里料纸样的处理方法如下：

（1）腰省与开衩叠位处理：通常在不影响结构功能的情况下要对里料结构进行简化，腰省一般可以做成活褶，其中前腰省量较小，两个省可合并成一个褶，后腰省转变成两个褶。这样一方面可以保证活动松量，另一方面可以简化做工；后开衩由于有交叠量，里料要分左右片，一边补出交叠量，另一边则减去交叠量。

（2）里料松量处理：

①围度方向：每条竖向拼缝加 0.3~0.4cm 松量。

②长度方向：腰至衩顶处增加 0.5cm，衩高减短 3.5cm，其余位置减短 2.5cm。因为面料折边宽设定为 4cm，理论上里料要相应减短 4cm，但里料长度方向要增加一定的松量（做 0.75cm 的回折松量，即加 1.5cm），所以实际只需减去 2.5cm 即可；开衩处由于要与面料拼合，所以减去面料折边的量 4cm，再补

上衩顶下降的 0.5cm，即减去 3.5cm。

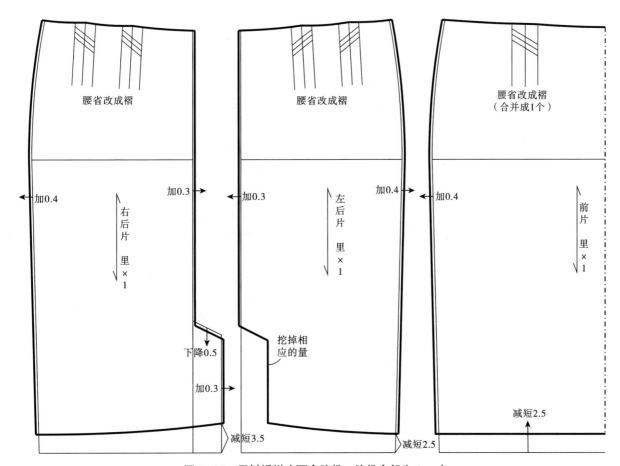

图 2-25　里料纸样（不含缝份，缝份全部为 1cm）

（二）连衣裙

1. 面料纸样

通常的连衣裙在拼合处取 1cm 缝份即可，在此不再赘述。

其中下摆底边或其他边缘，可根据款式要求进行折边、卷边、密锁边等处理（图 2-26）。

2. 里料纸样

夏季服装，往往面料较薄，此时里料的功能主要是"防透"。常见连衣裙大身加里料，袖子可以不用配里料。里料纸样的处理方法如下：

（1）上身里料：可在面料纸样的基础上增加一定松量，通常大身围度方向的每条竖向拼缝加 0.3~0.4cm 松量；大身长度方向整体增加 0.3~0.6cm（图 2-27）。但没有袖窿贴边的无袖上衣，为避免袖窿里料反吐，在胸背宽位置不需加大松量。

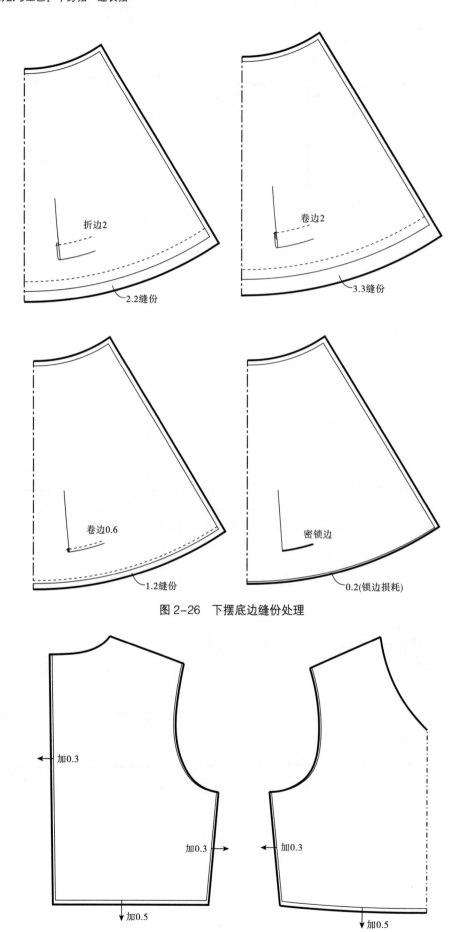

折边2

2.2缝份

卷边2

3.3缝份

卷边0.6

1.2缝份

密锁边

0.2(锁边损耗)

图2-26　下摆底边缝份处理

加0.3

加0.3

加0.3

加0.5

加0.5

图2-27　上身里料纸样（在面料基础上增加松量）

（2）下身里料：通常不受限于面料，可以单独设计并制图。在宽松款中，里料通常要比面料小、短，从而节约布料或更充分表现面料的造型效果。里料围度虽小，但以不影响人的行走、活动为原则（要求用里料增大起蓬松效果的情况除外）；里料虽短，但长度以"不走光"为原则，通常在腰以下的长度大于44cm即可（图2-28）。

八、裙装黏合衬工业纸样制作

为了便于制作和更好定型，使产品外观更挺括，通常会在腰头面层、领子面层，门襟、下摆折边处，开衩位置等加黏合衬。通常，黏合衬缝份要比面料缝份小0.2~0.3cm，这是为了烫黏合衬时黏合衬不会粘到台板或粘衬机的传送带上。

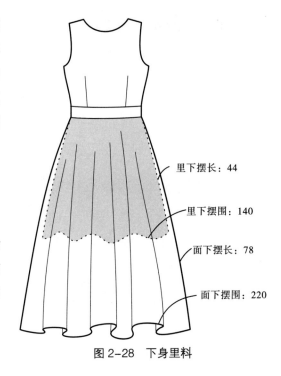

里下摆长：44

里下摆围：140

面下摆长：78

面下摆围：220

图2-28 下身里料

（一）腰头黏合衬（图2-29）

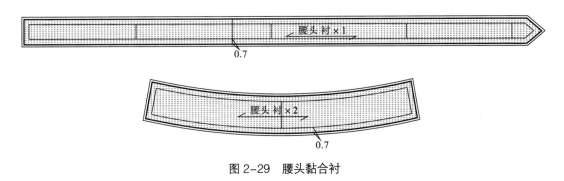

腰头衬×1

0.7

腰头衬×2

0.7

图2-29 腰头黏合衬

（二）领子黏合衬（图2-30）

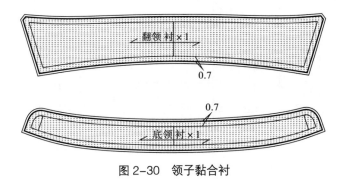

翻领衬×1

0.7

0.7

底领衬×1

图2-30 领子黏合衬

（三）门襟黏合衬（图 2-31）

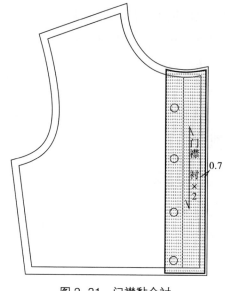

图 2-31　门襟黏合衬

（四）下摆黏合衬（图 2-32、图 2-33）

　　下摆折边处的衬通常有两种做法：一种是粘在大身上（折边线上方），常见于中厚、较厚的面料，如呢料、混纺料；另一种是粘在折边和缝份上（折边线下方），常见于轻薄面料，如薄毛料、雪纺等，是为了保持面料灵动的风格，避免表面有烫衬的"印痕"而影响了美观。

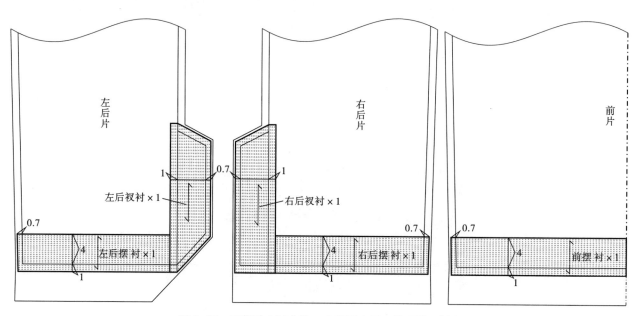

图 2-32　下摆黏合衬方法一（用于中厚、较厚的面料）

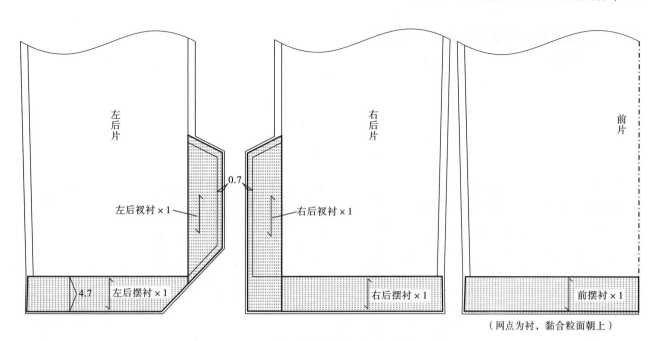

图 2-33　下摆黏合衬方法二（用于轻薄面料）

（五）局部定型衬条（图2-34）

有一些款式，因采用的面料松散或很轻薄，导致制作过程中易被拉伸变形，则需要在袖窿、领口、肩缝处烫定型衬条，以更好地保持造型。

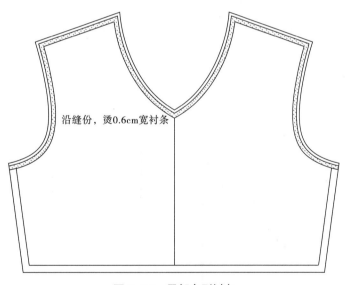

图 2-34　局部定型衬条

九、纸样标记要求

通常在批量生产中，纸样上除了添加缝份外，还需要补充一些相关的裁剪、缝制标记，最常见的有：辅助线、布纹线、剪口（对位刀眼）、省道线、褶位线等。

（一）辅助线及文字标示要求（图2-35）

（1）与规格相关的参考线：如胸围线、臀围线、腰围线、袖肥线等。

（2）与零部件定位相关的参考线：如贴袋位、印绣花位、钉章位等，必要时要加文字。

（3）与工艺制作相关的部位：如扣位、扣眼、撞钉位、装饰套结等。

（4）特殊缉线：要用虚线标示。

（5）对于难以分辨方向的衣片：要在必要部位加文字，如前中、后中、侧缝等。

（6）条格面料：需标上必要的对条格参考线。

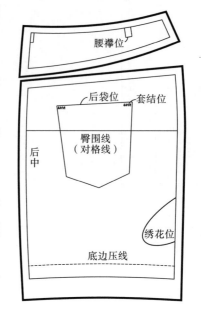
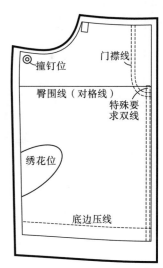

图2-35　辅助线示例

（二）布纹线标示要求（图2-36、图2-37）

（1）不分倒顺的面料：使用双向箭头。

（2）需区分倒顺的面料：如磨毛、灯芯绒、绒布、色丁、闪光面料等，使用单向箭头。

（3）用于生产的纸样：在打印时要求布纹线标示裁片有关信息（如款号、裁片名、号型、布料、数量、缩水率等），要注意打印字体与大小，避免打印出来模糊不清。

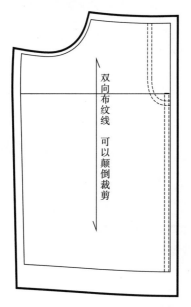
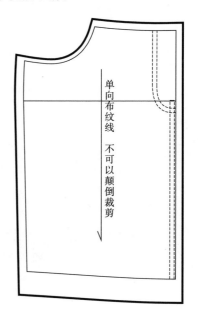

图2-36　布纹线示例

001款（大货）袖口 M

面料×2 经缩2% 纬缩1%

图2-37　裁片内容示例

（三）剪口标示要求（图2-38）

（1）拼接处：通常要求标上对位剪口，如胸围、腰围、下摆折边等。

（2）四开身后侧片胸围处：标双剪口。

（3）前胸处：标两个剪口，并注明吃势量。

（4）袖窿：前单剪口，反双剪口。

（5）袖子：前单剪口，后双剪口。

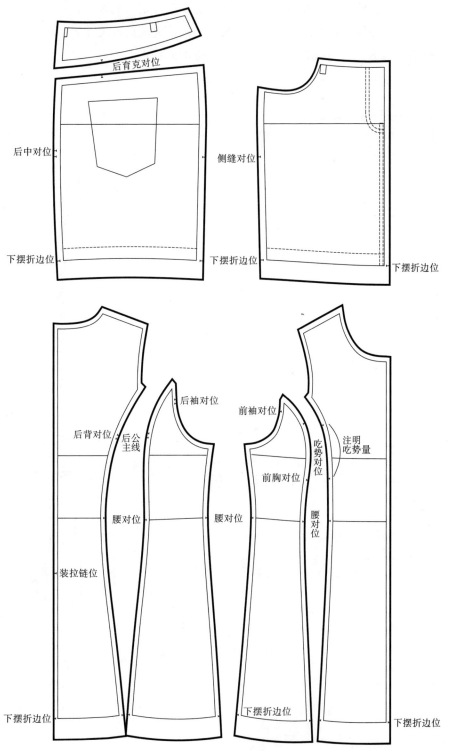

图2-38　剪口示例

（6）不易分辨左右方向的裁片，要求标上对位剪口，如拼接片等；不易分辨上下方向的裁片，应该错开打剪口（避免居中打剪口）。

（7）对于分割较多的款式：拼接片不易区分前后时，后片拼接均使用双剪口来区分。

（8）需区分倒顺的面料：不易分辨方向的纸样于上方打剪口来区分（如袋嵌线或方形）。

（四）省道、收褶、打裥标示要求（图2-39）

（1）省道：要求标上剪口以确定大小，同时标上省道线以确定省的长度。

（2）收褶（抽碎褶）部位：要求标上剪口，同时标上抽褶完成后的尺寸。

（3）打裥：根据裥的不同种类和不同倒向，按相应标准来标示。

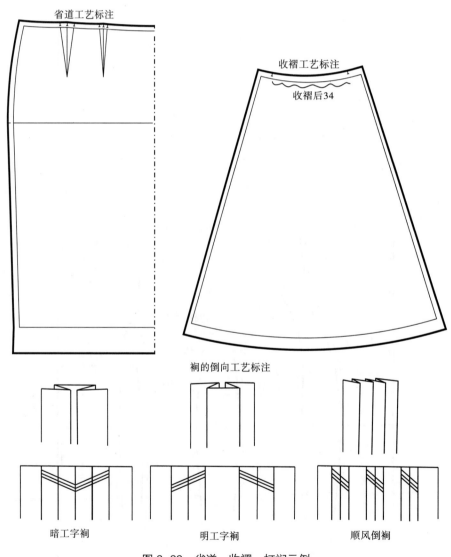

图2-39　省道、收褶、打裥示例

第三章　半身裙结构制图实例

　　进行半身裙制图，要根据款式要求、面料特性与结构比例，首先确定半身裙各主要部位规格。然后在半身裙原型上进行结构制图，先将裙长、整体围度加大或减小，依据人体的体型特点或款式风格，再在所需的位置作出分割线，进行省道转移及衣片展开、合并。分别处理取出面料、里料、黏合衬纸样。

　　根据传统女装的制图习惯，常规款制图时，以前后右半身结构图来表达。在实际成衣使用中，由于休闲服装较随意，下裙前门襟也可以左身在上、右身在下。规格表内的尺寸为成衣尺寸，在实际制图时需根据面料的厚度、缝缩来加放适当的损耗。

案例一　腰头抽绳收褶裙

（一）款式（图3-1）

　　款式说明：休闲直筒裙，正腰。腰部收褶，腰头内放弹力橡筋带，前中腰头打两个气眼，外露腰绳，凸显腰部线条，时尚舒适。裙长至膝下约15cm，后中下摆处开衩。款式穿脱方便，休闲、随意、大方。

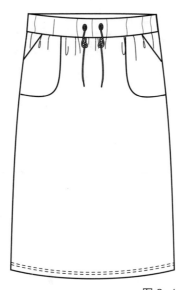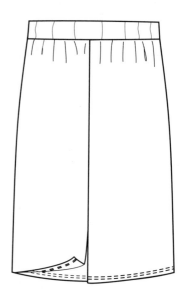

图3-1　款式平面图

（二）面辅料（表3-1）

表3-1　面辅料

类　型	使用部位	材　料
面料	大身、腰头、前袋	针织仿呢
黏合衬	腰头气眼位置	50旦[1]有纺衬
气眼	前腰	24L[2]
腰绳	腰头	直径0.6cm棉绳
橡筋带	腰头	5.3cm宽橡筋带

　　注：①1 tex=9旦，50旦/9 ≈ 5.6 tex。因企业仍延用原单位，为企业使用方便，本书延用原单位"旦"。
　　　　②24 L × 0.635 ≈ 15.2mm。

（三）规格设计（表3-2）

表3-2 规格表（160/66A） 单位：cm

序号	部位	规格	档差	序号	部位	规格	档差
1	后中长	70	1.5	6	腰头宽	5.5	0
2	腰围（W_1，松量）	65	4	7	前袋位（宽/高）	4/13	0.5
3	腰围（W_2，拉量）	87	4	8	腰绳	130	4
4	臀围（H）	94	4	9	后开衩长	15	0.5
5	摆围	89	4				

（四）结构制图（图3-2）

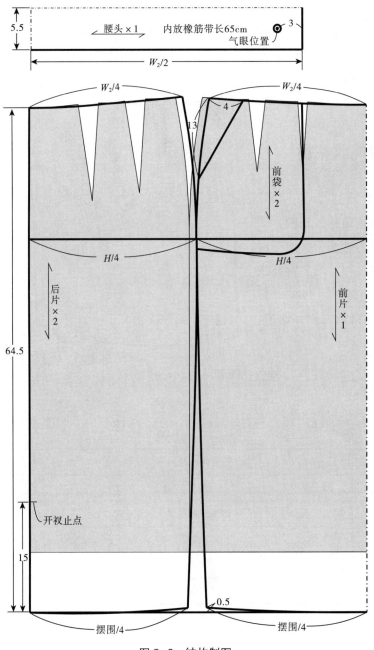

图3-2 结构制图

（五）技术要点

（1）复制裙原型。此类裙款侧缝居中，将原型侧缝前移，前、后片臀围均分。

（2）为使侧边贴体，取原型的侧边弧线。腰部的松量作为橡筋带回缩后的抽褶量。注意根据面料的弹性，穿着时拉开腰围需能顺利通过人体臀部（否则侧边不能做成弧形）。本例短裙选用针织面料，拉开后有弹性，腰围尺寸可适当做小。

（3）后中开衩，满足行走时的活动量。针织面料缩缝后略有拉长，侧缝下摆处起翘 0.5cm。

案例二　收褶大摆裙

（一）款式（图 3-3）

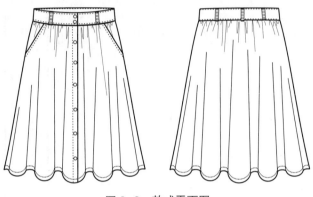

图 3-3　款式平面图

款式说明：时尚宽松的大 A 字裙。长至膝下约 10cm，正腰，腰口大身抽碎褶，开门襟钉纽扣，排扣设计洋气吸眼，左、右口袋对称，百搭实用。

（二）面辅料（表 3-3）

表 3-3　面辅料

类　型	使　用　部　位	材　料
面料	大身、腰头	全棉牛仔布
里料	口袋布	棉涤平纹布
黏合衬	腰头	50 旦有纺衬
纽扣	腰头、前门襟	24L 树脂纽扣

（三）规格设计（表 3-4）

表 3-4　规格表（160/66A）　　　　　　　单位：cm

序号	部位	规格	档差	序号	部位	规格	档差
1	后中长	67	1.2	5	门襟宽	2.5	0
2	腰围（W）	70	4	6	前袋位宽	4	0.5
3	摆围	230	4	7	前袋位高	13	0.5
4	腰头宽	5	0	8	裙串带长	5.5	0

（四）结构制图（图 3-4）

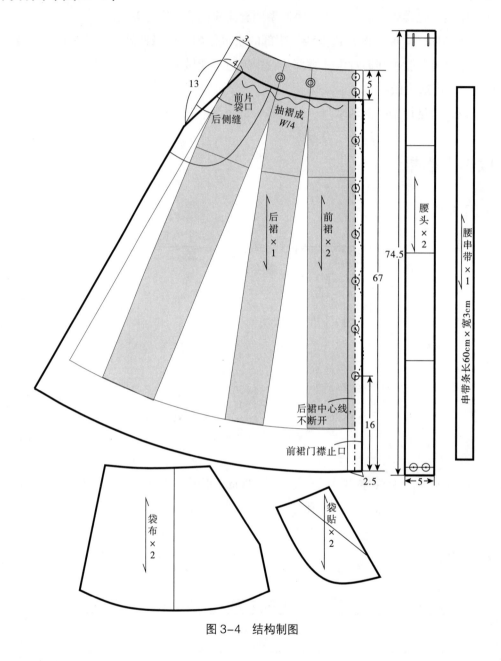

图 3-4 结构制图

（五）技术要点

（1）此类裙款侧缝宜居中，前后片围度大小一样。将腰省全部合并，下摆展开。腰口至臀部作切线延长至下摆。再从侧边直接平移 3cm，此余量为腰部的抽褶量。

（2）腰头较宽，腰围尺寸不宜做大，否则因穿着位置较低，腰上口不贴体。

（3）门襟最下一粒纽扣距下摆底边位置，按整体纽扣比例协调、行步方便而定，比其他扣间距偏长较美观。中间纽扣间距平分。

案例三 商务直筒裙

(一)款式(图3-5)

图3-5 款式平面图

款式说明：商务风格西装短裙。正腰，裙长至膝处，前、后片每侧各收2个腰省。后中下摆处开衩。后中腰装3#隐形尼龙拉链，钉树脂纽扣。带里子的工艺做法，做工精致。款式简洁、干练、合体。

(二)面辅料(表3-5)

表3-5 面辅料

类 型	使 用 部 位	材 料
面料	大身、腰头	精纺呢
里料	大身	290T[①]涤丝纺
黏合衬	腰头、下摆、开衩位	50旦有纺衬
拉链	后身	3#隐形尼龙拉链
纽扣	后腰头	24L 树脂纽扣

注：① 290T 指每平方英寸中经纱和纬纱的根数之和，即面料的密度，均指机织的化纤面料。

(三)规格设计(表3-6)

表3-6 规格表(160/66A)　　　　　　　　单位：cm

序号	部位	规格	档差	序号	部位	规格	档差
1	后中长	60	1.2	5	拉链长	21	1
2	腰围(W)	67	4	6	腰头宽	2	0
3	臀围(H)	94	4	7	后开衩长	18	0.3
4	摆围	90	4				

（四）结构制图（图3-6）

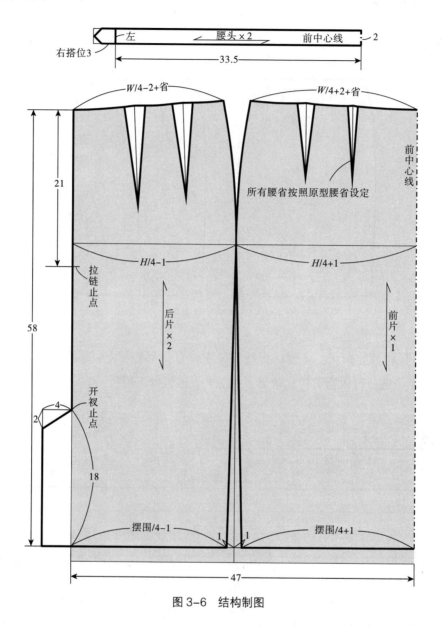

图3-6　结构制图

（五）技术要点

（1）结构可直接按照半身裙原型制作。侧缝线的设置需根据穿着的场所、风格而决定。此款为商务裙，结构设定为前臀围宽、后臀围窄、侧缝线偏后，外观效果显得大方得体。

（2）技术要点是在配里、配衬方面，所述方法适用于类似的其他正装配里短裙类，属于较精细的"带里子的工艺"，详见第二章"七、裙装面、里料工业纸样制作"。

案例四　前侧开衩直筒裙

（一）款式（图3-7）

图3-7　款式平面图

款式说明：时尚西装短裙，合体板型。中腰，腰头较宽，前、后片每侧各收1个腰省。裙长至膝上约10cm，凸显身材，长度很显腿型。前左侧下摆开衩，优雅时尚。

（二）面辅料（表3-7）

表3-7　面辅料

类　型	使 用 部 位	材　料
面料	大身、腰头	精纺花呢
里料	大身	290T 涤丝纺
拉链	后身	3# 隐形尼龙拉链
黏合衬	腰头、下摆、开衩位置	50 旦有纺衬

（三）规格设计（表3-8）

表3-8　规格表（160/66A）　　　　　　　　　　单位：cm

序号	部位	规格	档差	序号	部位	规格	档差
1	后中长	46	1	5	拉链长	20	1
2	腰围（W）	68	4	6	腰头宽	6	0
3	臀围（H）	93	4	7	侧前开衩长	6	0
4	摆围	89	4				

（四）结构制图（图 3-8）

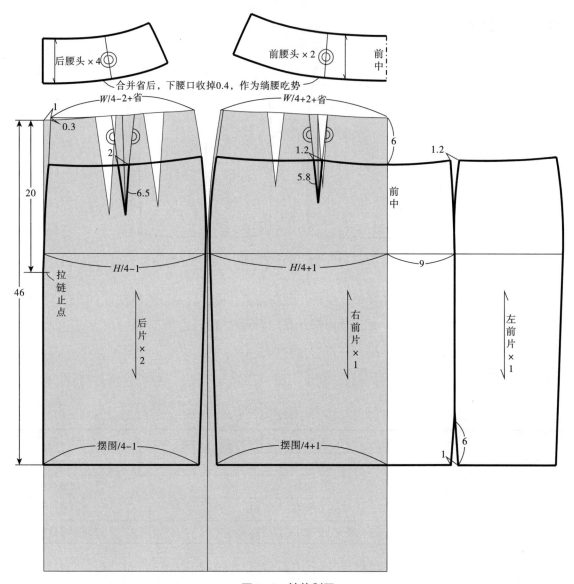

图 3-8　结构制图

（五）技术要点

（1）后中缝腰口处收进 1cm，使后腰贴体，腰省量减小。由于后腰中线斜进去，后腰口需上抬 0.3cm，腰口修顺。

（2）上节截取腰头后，后身每片 2 个腰省合并成 1 个腰省。右前身省保留 1 个腰省，左前身省量转移到分割开衩处。

（3）腰头省合并后，每片下口收掉 0.4cm，作为绱腰吃势，并能够使腰头弧度减小，外形更好看、缝制更容易。

案例五 低腰牛仔超短裙

（一）款式（图3-9）

图3-9 款式平面图

款式说明：经典包臀牛仔短裙，中低腰，裙长至膝上约16cm，长度适宜，活动方便，适穿广。后腰下分割育克，前开弯袋，后贴袋。门襟装金属拉链，腰头钉工字扣。侧缝往前身偏移。通过丰富的水洗及装饰明线设计，充分表现了牛仔产品的青春与活力。

（二）面辅料（表3-9）

表3-9 面辅料

类 型	使 用 部 位	材 料
面料	大身、腰头、后袋、门襟贴、里襟、串带、零钱袋、袋贴	10.5盎司微弹牛仔布
里料	前袋布	涤棉布
黏合衬	腰头	30旦有纺衬
拉链	门襟	4# 金属拉链
纽扣	腰头	28L 工字扣

（三）规格设计（表3-10）

表3-10 规格表（160/66A） 单位：cm

序号	部位	规格	档差	序号	部位	规格	档差
1	后中长	39	1	5	拉链长	9	0.5
2	腰围（W）	73	4	6	腰头宽	4	0
3	臀围（H）	90	4	7	前袋位（宽/高）	9/6	0.5
4	摆围	87	4	8	后贴袋（宽/高）	12/13	0.5

（四）结构制图（图3-10）

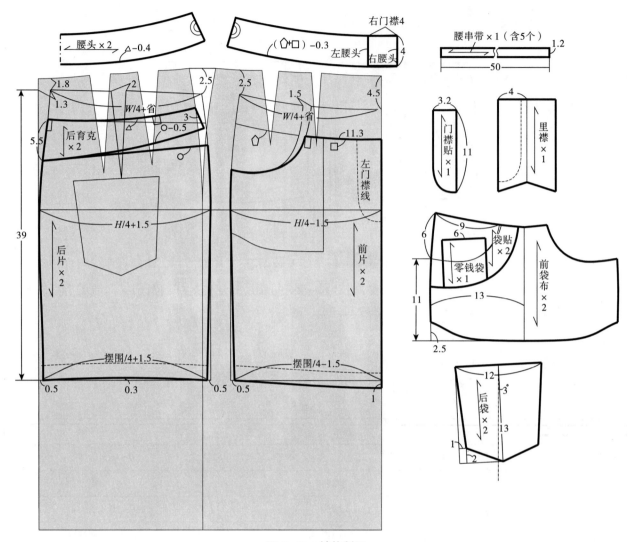

图3-10 结构制图

（五）技术要点

（1）休闲牛仔裙采用前臀围窄、后臀围宽的结构设计。侧缝偏前，袋口插手方便，并使侧缝处的明线更显眼，使款式显得时尚、活力。

（2）后中腰口处劈势不要超过1.5cm，因为人体最丰满的部位不在这里（否则穿着时后中起包）。前中不需劈势，因前中装拉链，左、右有重叠，太多会导致前中门襟下不平整。

（3）后中缝下摆收进0.5cm，是因为后中缝缉明线，易产生缝线收缩起吊，略收进可防止后中下摆外翘。

（4）前腰省转移到袋口处，使袋口有松量方便插手。后腰省转移到后育克拼缝处，因后育克较窄，省尖可延长到后贴袋口处。拼后育克缝时，大身有0.5cm左右的吃量。

（5）通过绱腰头、拼后育克缝对大身的吃量处理，使腰头、后育克弧度减小，既减轻了缝制的难度，穿着也更为贴体、美观。处理方法如图2-20所示。

案例六　低腰斜门襟牛仔裙

（一）款式（图3-11）

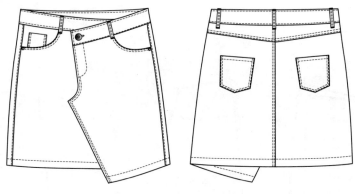

图3-11　款式平面图

款式说明：合体型，中低腰，裙长至膝上约10cm。后腰分割育克。前开弯袋，后贴袋。金属拉链，钉工字扣。侧缝往前偏移。通过门襟不规则斜门襟设计，更显牛仔裙奔放不羁与自由的风格。

（二）面辅料（表3-11）

表3-11　面辅料

类　型	使用部位	材　料
面料	大身、腰头、后袋、门襟贴、里襟、串带、零钱袋、袋贴	10.5盎司全棉牛仔布
里料	前袋布	涤棉布
拉链	门襟	4# 金属拉链
纽扣	腰头	28L 工字扣

（三）规格设计（表3-12）

表3-12　规格表（160/66A）　　　　　　　　　　　　　　单位：cm

序号	部位	规格	档差	序号	部位	规格	档差
1	后中长	46	1	5	拉链长	9.5	0.5
2	腰围（W）	73	4	6	腰头宽	4	0
3	臀围（H）	93	4	7	前袋位（宽／高）	10/ 5.5	0.5
4	摆围	100	4	8	后贴袋（宽／高）	13/13.5	0.5

（四）结构制图（图3-12）

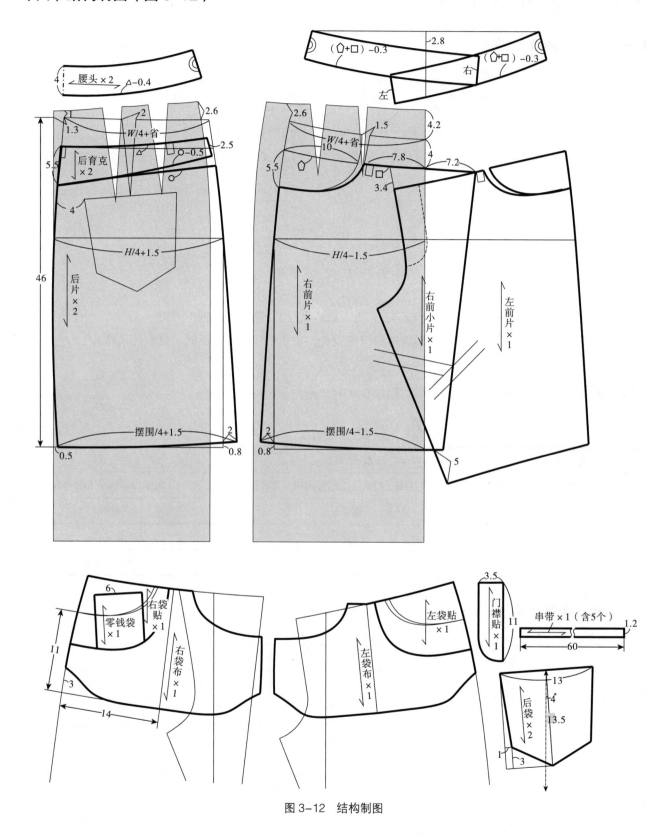

图3-12　结构制图

（五）技术要点

（1）斜门襟采用拼接的方法分割裙片。

（2）前腰是左右不对称，高低也是错位的，故左、右前袋也要各自做图，保证袋底位置一致。

（3）其他制图方法参见本章案例五"低腰牛仔超短裙"。

案例七 古典 A 型短裙

（一）款式（图 3-13）

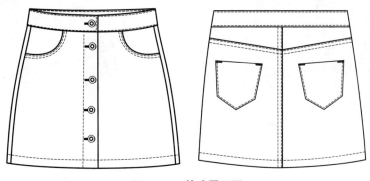

图 3-13 款式平面图

款式说明：经典小 A 型。中腰，裙长至膝上约 12cm。后腰分割育克。前开弯袋，后贴袋。门襟竖排钉 5 个工字扣。款式轻松、悠闲，百搭适穿。

（二）面辅料（表 3-13）

表 3-13 面辅料

类 型	使 用 部 位	材 料
面料	大身、腰头、前袋贴、后贴袋	8 坑灯芯绒（8 条 /2.54cm）
里料	前袋布	涤棉布
黏合衬	腰头	30 旦有纺衬
纽扣	门襟	28L 工字扣

（三）规格设计（表 3-14）

表 3-14 规格表（160/66A）   单位：cm

序号	部位	规格	档差	序号	部位	规格	档差
1	后中长	43	1	5	腰头宽	4	0
2	腰围（W）	68	4	6	前袋位（宽 / 高）	9/ 5.5	0.5
3	臀围（H）	94	4	7	后贴袋（宽 / 高）	14/13.5	0.5
4	摆围	108	4	8	门襟宽	4	0

（四）结构制图（图3-14）

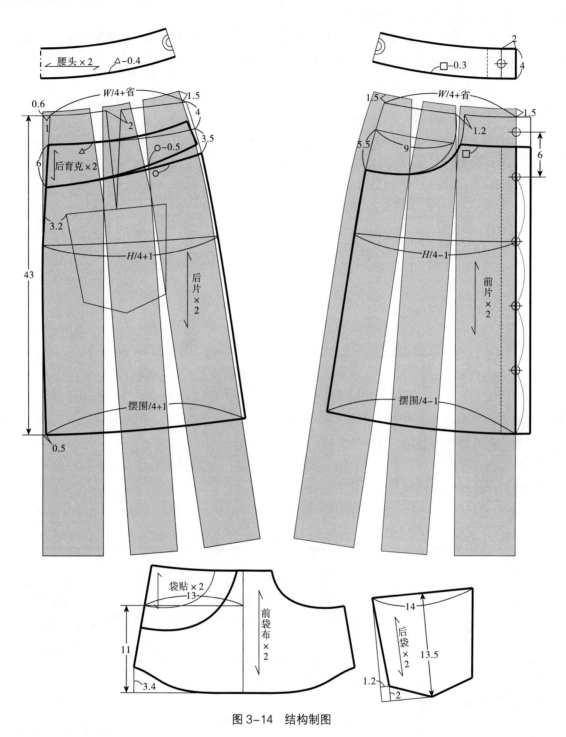

图3-14　结构制图

（五）技术要点

（1）将部分腰省合并，使下摆打开，达到所需摆围尺寸。侧缝走前，平铺后更平整，款式也显休闲。

（2）原身出腰头，将腰省合并。为使腰的起翘不要太高，弧度减轻，成衣平铺后也更美观，每片腰口大身有0.3~0.4cm的吃量（腰头下口减小）。否则腰的弧度过大，不利于缝制，腰下口也不贴体。后育克较窄，大身有0.5cm左右的吃量。

（3）前门襟纽扣，在臀围处需有一粒扣，否则活动及坐下时易走光。此类裙款，宜右门襟锁眼，左门襟钉纽扣，扣好纽扣后右门襟在上。这样与钉纽扣上衣方向一致。

案例八　搭腰襻不对称A字裙

（一）款式（图3-15）

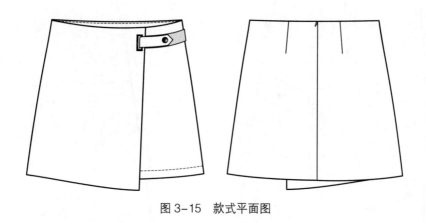

图3-15　款式平面图

款式说明：时尚修身的A字小短裙。中低腰，裙长至膝上约15cm。后腰每侧各收1个省。左侧腰上口搭腰襻，前身右边加一搭片。配上雪纺宽松衬衫、高跟鞋，干练中不失妩媚女人味。

（二）面辅料（表3-15）

表3-15　面辅料

类　型	使用部位	材　料
面料	大身、腰贴	色织格呢
里料	大身	涤纶春亚纺
黏合衬	腰贴、腰襻	30旦有纺衬
拉链	后中	4# 隐形尼龙拉链

（三）规格设计（表3-16）

表3-16　规格表（160/66A）　　　　　　　单位：cm

序号	部位	规格	档差	序号	部位	规格	档差
1	后中长	41	1	5	拉链长	19	1
2	腰围（W）	70	4	6	内腰贴宽	3.5	0
3	臀围（H）	92	4	7	腰襻宽	3.2	0
4	摆围	100	4	8	腰襻长	12	0.5

（四）结构制图（图3-16）

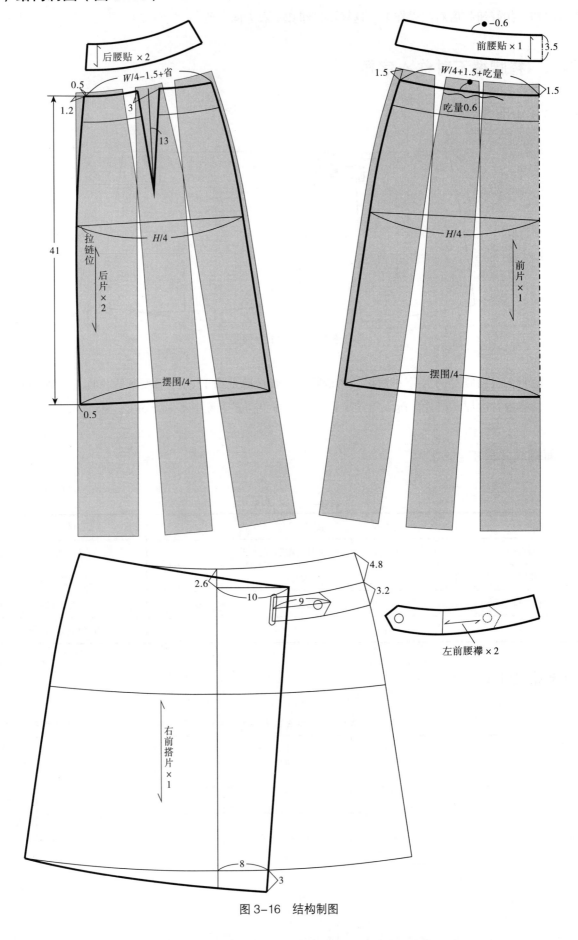

图3-16 结构制图

（五）技术要点

（1）A型裙身的制作方法是将裙原型部分腰省合并，使下摆打开达到所需摆围尺寸。前腰围取 $W/4+1.5cm$，后腰围取 $W/4-1.5cm$。臀围、摆围前后均分。前后侧缝弧形一致，后腰收1个腰省，后中腰口处收进 1.2cm。

（2）中低腰，前腰口下降 1.5cm。大身无腰头，腰贴在裙原型上分离。

（3）因前片没有腰省，采用腰里贴减短，拼腰口时将大身多余量吃进，使前腰口贴体。

（4）前片对称成整片，按设计效果图进行前右搭片的绘制。

案例九　超短波浪裙

（一）款式（图3-17）

款式说明：伞形半裙，中腰，裙长至膝上约15cm。右侧装 4# 隐形尼龙拉链。下摆较宽大，形成波浪效果。面料柔软、飘逸，充分体现出少女灵动自在、活泼动感之美。

图3-17　款式平面图

（二）面辅料（表3-17）

表3-17　面辅料

类　型	使 用 部 位	材　料
面料	大身、腰头	430g/m² T/R 仿毛呢针织布
黏合衬	腰面	40旦有纺衬
拉链	右侧缝	4# 隐形尼龙拉链

（三）规格设计（表3-18）

表3-18　规格表（160/66A）　　　　　　　　　　　　　　　单位：cm

序号	部位	规格	档差	序号	部位	规格	档差
1	后中长	40	1	4	拉链长	19	1
2	腰围（W）	68	4	5	腰头宽	4	0
3	摆围	196	按型推码				

（四）结构制图（图3-18）

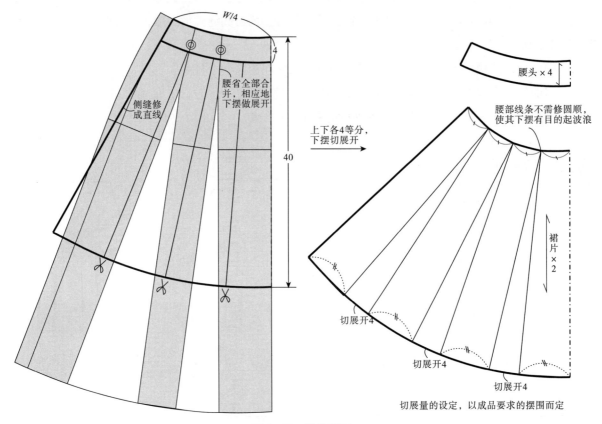

图3-18 结构制图

（五）技术要点

（1）此类裙款不分前后片，将腰省合并，下摆展开，得到A字型。侧边从腰口到臀部作切线，延长到下摆为直线。

（2）在裙原型上取弧形腰头，更贴合人体。

（3）为使下摆波浪明显，将下摆再次展开，展开量以需要的摆围而定。

（4）腰头展开的线条可不修成圆顺的弧线，使其下摆在其展开位置有目的起波浪。

（5）裙长较短，可配合内穿打底裤或内里做衬裤（参见案例十八"多层打褶裙"）。

案例十 长款大波浪裙

（一）款式（图3-19）

款式说明：360°大摆裙，腰头直接使用弹力橡筋带（橡筋带可为花式宽橡筋带，直接露在外面使用），面料采用超薄雪纺，轻盈而飘逸。里料为悬垂性好且透气良好的色丁布（薄度以不透人体为基准，

图3-19 款式平面图

防止走光）。此款既可作为半身裙穿着，也可上提至胸以上，当作裹胸式连衣裙穿用。裙长至脚踝，下摆宽大，下垂形成褶皱与波浪，更显神秘与高贵。

（二）面辅料（表3-19）

表3-19　面辅料

类　型	使 用 部 位	材　料
面料	大身	30旦雪纺
里料	大身里	无光色丁布
橡筋带	腰头	2.5cm宽橡筋带

（三）规格设计（表3-20）

表3-20　规格表（160/66A）　　　　　　　　　　　　　　单位：cm

序号	部位	规格	档差	序号	部位	规格	档差
1	后中长（面）	88	2	4	摆围	655	按型推码
2	后中长（里）	80	2	5	里摆围	582	按型推码
3	腰围（W，松量/拉量）	60/96	4	6	腰头宽	2.5	0

（四）结构制图（图3-20）

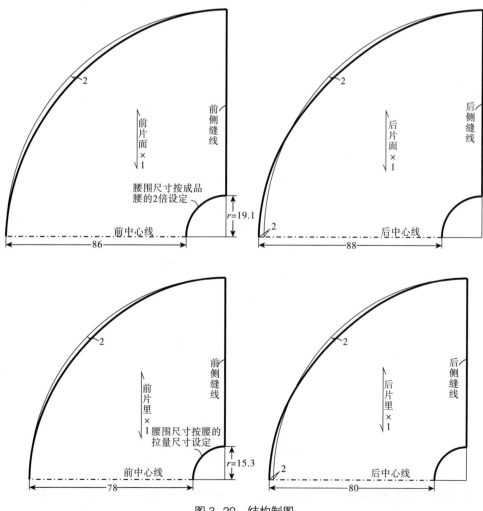

图3-20　结构制图

（五）技术要点

（1）腰围根据完成后的起褶效果，设定抽褶量。面料腰围的量按成品腰围的2倍量设定，即60cm×2=120cm。里料腰围的量，则按腰围的拉量尺寸即可。此裙为360°裙，计算公式如下：

面料腰围半径 $r=$ 圆周 $/2\pi=120/6.28=19.1cm$

里料腰围半径 $r=$ 圆周 $/2\pi=96/6.28=15.3cm$

（2）后中裙长比前中裙长多2cm，这样穿好后下摆较水平。

（3）根据面料、里料的悬垂性设定里外的长度差异，避免里料外露，也可根据款式要求来设定里料长，原则上里料长不应短于44cm（防走光、防透）。本例设定面、里裙长差为8cm。

（4）由于面料、里料在斜丝的部分容易下垂、拉长，在面料斜丝部位需要修去拉长的量（本例为2cm），以保持成品下摆的水平圆顺。

（5）裙子较长，再加上剪去的半径，下摆打开后裙子的宽度超过面料的幅度。前、后片的布纹设定为前、后中心线方向横裁，以满足裙长及裙摆的尺寸需求（图3-21）。

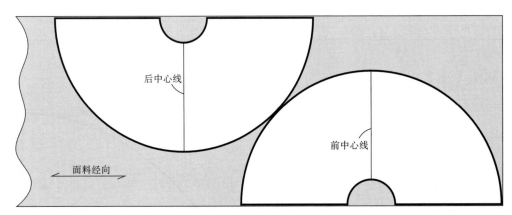

图3-21 布纹方向

案例十一 多节塔裙

（一）款式（图3-22）

图3-22 款式平面图

款式说明：中腰，裙长到膝盖下8cm左右，整体呈扇形，下摆较宽大。各拼节上端按比例抽碎褶，与上一拼块相接。多层拼接富有立体层次感，拉长人体比例，使下肢显长。

（二）面辅料（表3-21）

表3-21　面辅料

类　　型	使 用 部 位	材　　料
面料	大身、腰头	全棉平纹布
里料	大身里	涤棉里料
黏合衬	腰头	30旦有纺衬
拉链	右侧腰	3# 隐形尼龙拉链

（三）规格设计（表3-22）

表3-22　规格表（160/66A）　　　　　　　　　　单位：cm

序号	部位	规格	档差	序号	部位	规格	档差
1	裙长	63	1.5	4	腰头宽	3	0
2	腰围（W）	67	4	5	拉链长	19	1
3	下摆	254	按型推码				

（四）结构制图（图3-23）

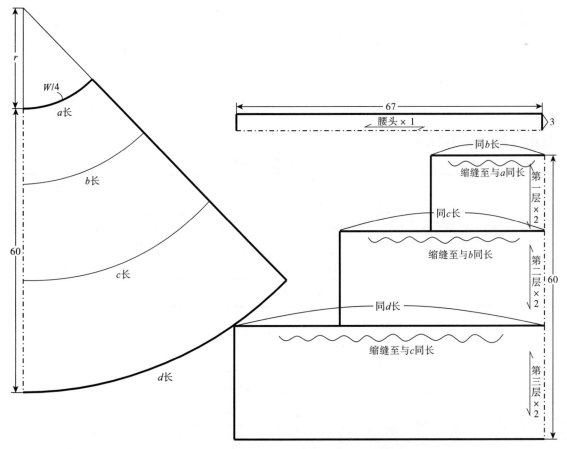

图3-23　结构制图

（五）技术要点

（1）裙形按照A字裙（1/4圆裙），采用圆周的几何原理进行计算：腰围半径 r=4腰围/2π=2腰围/π。

（2）阶梯拼接分割位置按设计，一般越往下越高。本例设定第一层高为16cm，第二层高为20cm，第三层高为24cm。

（3）裙片第一层宽同 b 长，第二层宽同 c 长，第三层宽同 d 长，这样最终下摆大小与半圆裙原型的下摆大小一样。

（4）裙里可按A字裙原型，长度略减短。

案例十二　装饰花边多节裙

（一）款式（图3-24）

款式说明：中低腰，利用不同颜色（材质）花边拼接，形成多节裙效果，层次丰富。裙长短小，拉长腿型、活泼可爱。

图3-24　款式平面图

（二）面辅料（表3-23）

表3-23　面辅料

类　型	使　用　部　位	材　料
面料	大身、腰头	全棉平纹布
里料	大身里	涤棉布
黏合衬	腰面	30旦有纺衬
拉链	右侧腰	3#隐形尼龙拉链
花边	腰头、第一层裙、第二层裙	棉质花边

（三）规格设计（表3-24）

表3-24　规格表（160/66A）　　　　　　　　　　　　单位：cm

序号	部位	规格	档差	序号	部位	规格	档差
1	裙长	35	1	5	第一节裙长	15	0.5
2	腰围（W）	70	4	6	第二节裙长	15	0.5
3	摆围	234	按比例推码	7	拉链长	18	1
4	腰头宽	5	0				

（四）结构制图（图 3-25）

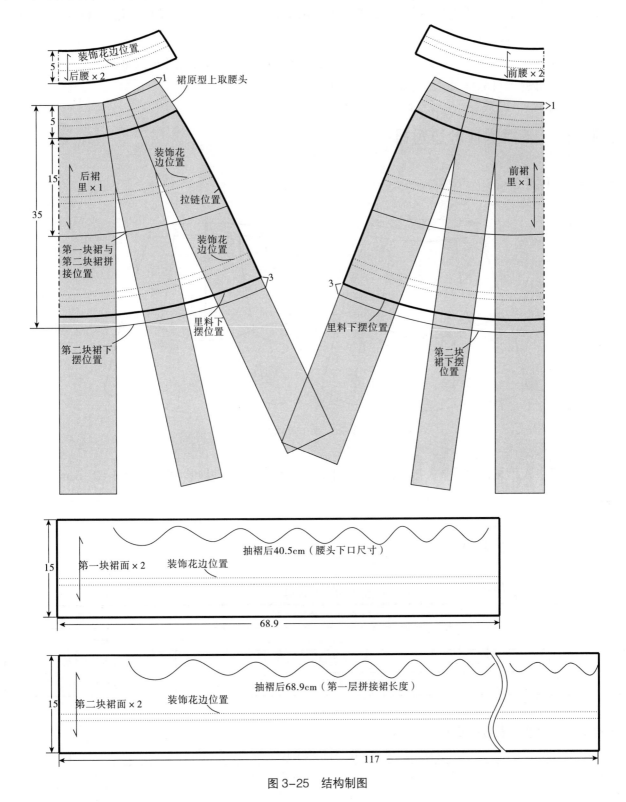

图 3-25　结构制图

（五）技术要点

（1）复制半身裙原型。将半身裙原型侧缝向前片平移，前后片成 1/2 分，腰省量合并成 A 字裙。侧腰口、前腰口下降 1cm，形成前腰低，后腰高，穿着、平铺后更美观。

（2）在 A 字裙原型上取腰头，腰头高 5cm，分别在腰头中间缉装饰花边。

（3）第一块裙、第二块裙分别为 15cm 高。第一块裙宽度取裙腰下口尺寸的 1.7 倍，直接制作长方形条。第二块裙宽度取第一块裙长的 1.7 倍，制作长方形条。在两块裙片的下口向上 5cm 处缉装饰花边。

（4）裙里长度比裙面长度短 3cm。裙里下摆大小按腰省合并后的 A 字裙原型效果。

（5）裙长较短，可配打底裤或衬裤（参见案例十八"多层打裥裙"）。

案例十三　下摆拼荷叶边短裙

（一）款式（图 3-26）

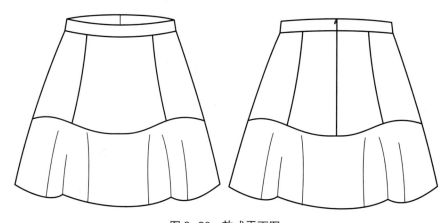

图 3-26　款式平面图

款式说明：A 型裙，中低腰，裙身合体，下摆分割展开成波浪荷叶边。裙长至膝上约 16cm，前后身有纵向分割线。款式合体端庄、甜美动人。

（二）面辅料（表 3-25）

表 3-25　面辅料

类　型	使用部位	材　料
面料	大身、腰头	毛呢混纺
里料	大身里	215T 涤丝纺
黏合衬	腰面	30 旦有纺衬

（三）规格设计（表 3-26）

表 3-26　规格表（160/66A）　　　　　　　　　　　　　　单位：cm

序号	部位	规格	档差	序号	部位	规格	档差
1	后中长	39	1	4	摆围	150	4
2	腰围（W）	70	4	5	拉链长	19	1
3	臀围（H）	92	4	6	腰头宽	3.5	0

（四）结构制图（图3-27）

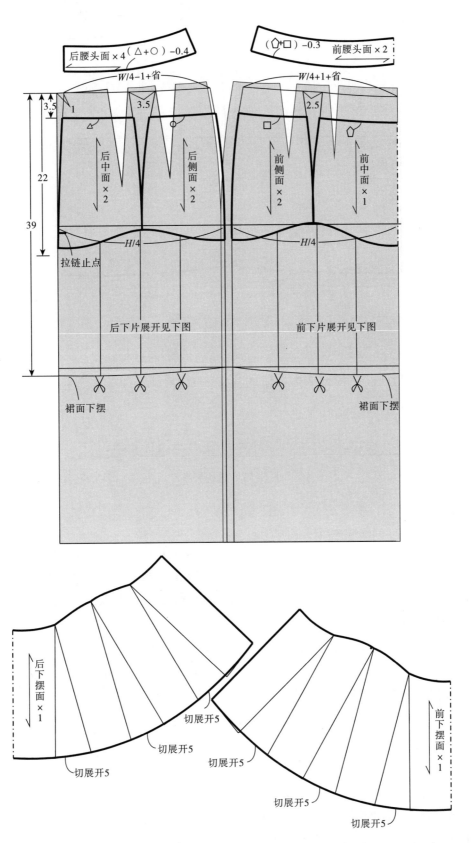

图 3-27

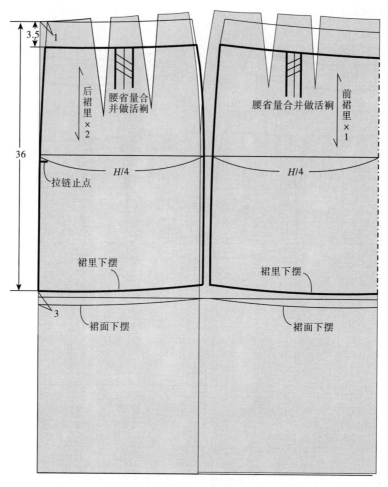

图 3-27　结构制图

（五）技术要点

（1）腰头为中低腰位置，采用在半身裙原型上取腰头，更为贴体。为使腰头起翘不要太高，弧度减轻，且利于生产，成衣平铺后也更美观，每片大身有 0.3~0.4cm 的吃量（腰头下口减小，使腰头弧度平缓）。

（2）前腰头下降 1.5cm，将前、后腰头拼好后在侧边修顺，形成前腰低，后腰高。

（3）后中装拉链，后腰处收腰 1cm，更贴身。

（4）裙里下摆比裙面下摆短 3cm。裙里腰省量合并做腰口活裥。

案例十四　斜开衩荷叶边中长裙

（一）款式（图 3-28）

款式说明：中腰，裙长至小腿中间。前、后腰下收腰省，右侧边装 3# 隐形尼龙拉链。前身斜向分割线，半隐半露的显出美丽的腿线，分割处、前后下摆拼接荷叶边，轻盈飘逸，极富动感和柔美之感，是非常女性化的一款中长裙。

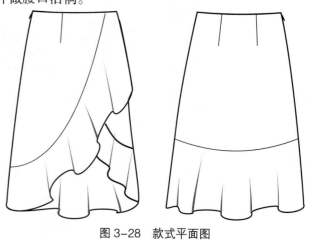

图 3-28　款式平面图

（二）面辅料（表 3-27）

表 3-27 面辅料

类　型	使 用 部 位	材　料
面料	大身、腰贴、荷叶边	印花雪纺
里料	大身里	乔其纱
拉链	右侧边	3# 隐形尼龙拉链
黏合衬	腰贴	30 有纺衬

（三）规格设计（表 3-28）

表 3-28 规格表（160/66A）　　　　　　　　　　　　　　　单位：cm

序号	部位	规格	档差	序号	部位	规格	档差
1	后中长（面）	75	1.5	6	侧缝长	68	1.5
2	后中长（里）	46	1.5	7	荷叶边高	18	0
3	腰围（W）	68	4	8	腰头宽	4	0
4	臀围（H）	95	4	9	拉链长	18	1
5	摆围（里）	116	4				

（四）结构制图（图 3-29）

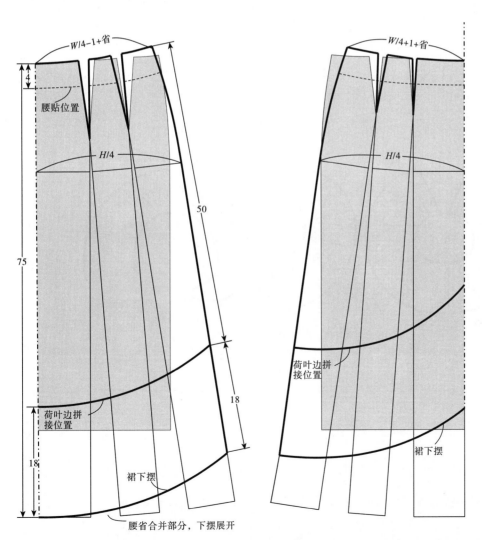

图 3-29

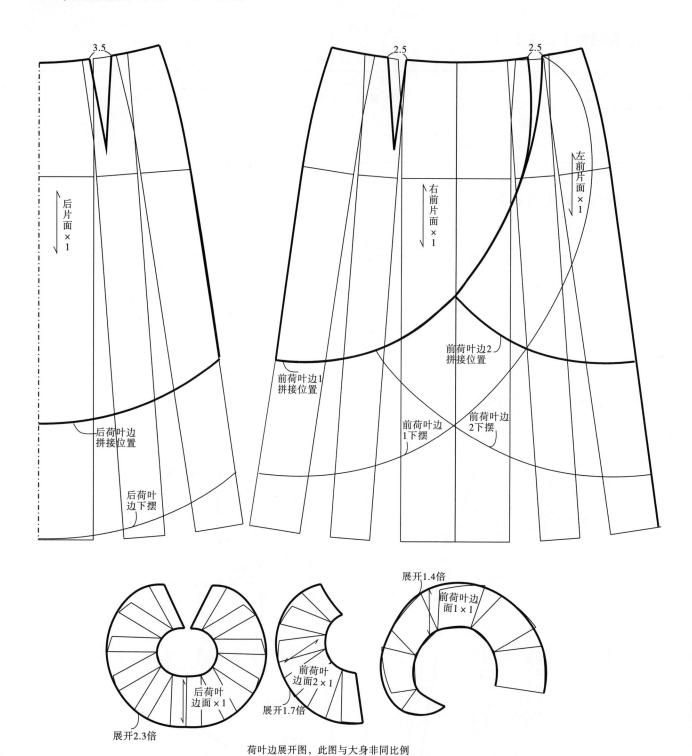

荷叶边展开图，此图与大身非同比例

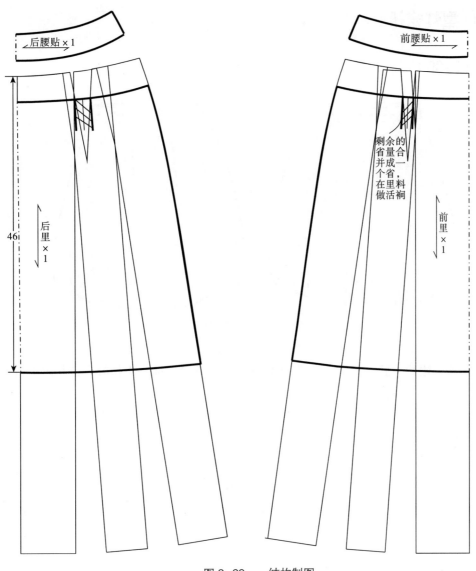

图 3-29　结构制图

（五）技术要点

（1）大身无腰头，半身裙原型上出内腰贴。

（2）裙前、后片围度成 1/2 分。将腰省合并一半后，下摆展开，剩余的腰省合并成一个省。裙里除去腰贴外，剩余的省量在腰口处做活裥量。

（3）前片对称成整片，按设计效果图进行人字形分割。左侧腰省转移到分割线处。

（4）下摆荷叶边复制出来，按设计效果展开波浪。本例设定为：后下摆荷叶边展开量为 2.3 倍，前下摆荷叶边 2 展开量为 1.7 倍，前人字荷叶边 1 展开量为 1.4 倍。

案例十五 O型灯笼裙

（一）款式（图 3-30）

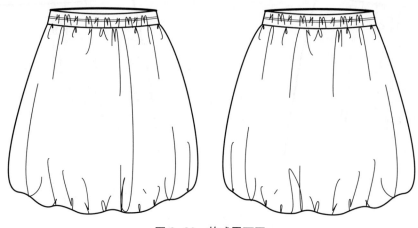

图 3-30 款式平面图

款式说明：中腰，裙长至膝上约 12cm。腰头内穿弹力橡筋带，面料下摆收褶，与内里拼接呈吊起状态。O 型造型，外形玲珑、圆润，尽显甜美可爱之感。

（二）面辅料（表 3-29）

表 3-29 面辅料

类 型	使 用 部 位	材 料
面料	大身、腰头	雪纺
里料	大身里	100g/m² 消光双面针织布
橡筋带	腰头	弹力橡筋带

（三）规格设计（表 3-30）

表 3-30 规格表（160/66A） 单位：cm

序号	部位	规格	档差	序号	部位	规格	档差
1	后中长	45	1.2	4	摆围（内量）	110	4
2	腰围（W_1，松量）	62	4	5	腰头宽	3.5	0
3	腰围（W_2，拉量）	92	4				

（四）结构制图（图3-31）

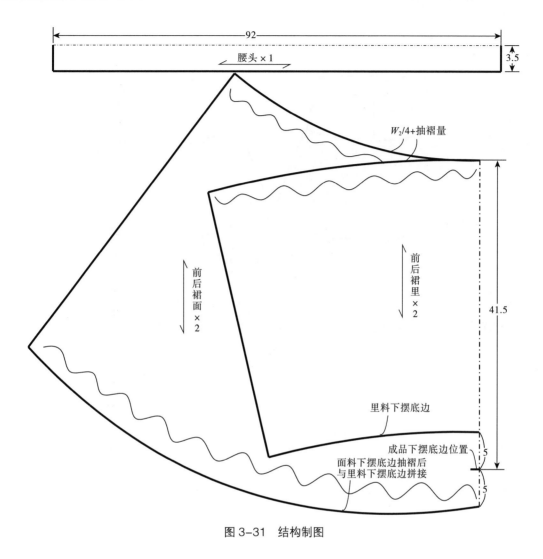

图 3-31　结构制图

（五）技术要点

（1）款式较简单，腰头拼缉弹力橡筋带。腰头及下摆的抽褶倍数视面料的悬垂性及柔软度而定。缉缝时腰口拉量尺寸不可小于人体臀部尺寸。

（2）做裙里，下摆取 1/4 成衣摆围，腰口取 1/4 松量腰围的 2.5 倍（本例抽褶倍数），里料裙长为成衣裙长减去 5cm。

（3）做裙面，下摆最大不可超过布料的幅宽（否则不好排料）。腰口尺寸同裙里，面料裙长为成衣裙长加 5cm，即裙里长度加 10cm。

案例十六　分割灯笼裙

（一）款式（图3-32）

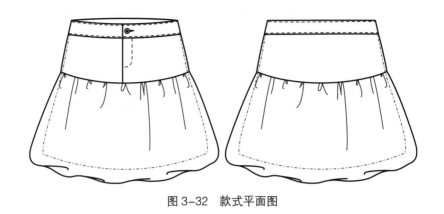

图3-32　款式平面图

款式说明：中低腰，裙长至膝上约14cm。门襟装拉链，腰头钉树脂平眼纽扣。腰至臀合体，臀部分割拼接，下裙抽碎褶。面料下摆收褶后与内里拼接成吊起状态，外形呈灯笼型，甜美活泼。

（二）面辅料（表3-31）

表3-31　面辅料

类　型	使 用 部 位	材　料
面料	大身、腰头	棉氨弹力布
里料	大身里	全棉平纹布
拉链	门襟	3# 尼龙拉链
纽扣	腰头	28L 树脂平眼纽扣

（三）规格设计（表3-32）

表3-32　规格表（160/66A）　　　　　　　　单位：cm

序号	部位	规格	档差	序号	部位	规格	档差
1	后中长	42	1.2	4	摆围（内量）	106	4
2	腰围（W）	70	4	5	门襟长	8.5	0.5
3	臀围（H）	94	4	6	腰头宽	3.5	0

（四）结构制图（图3-33）

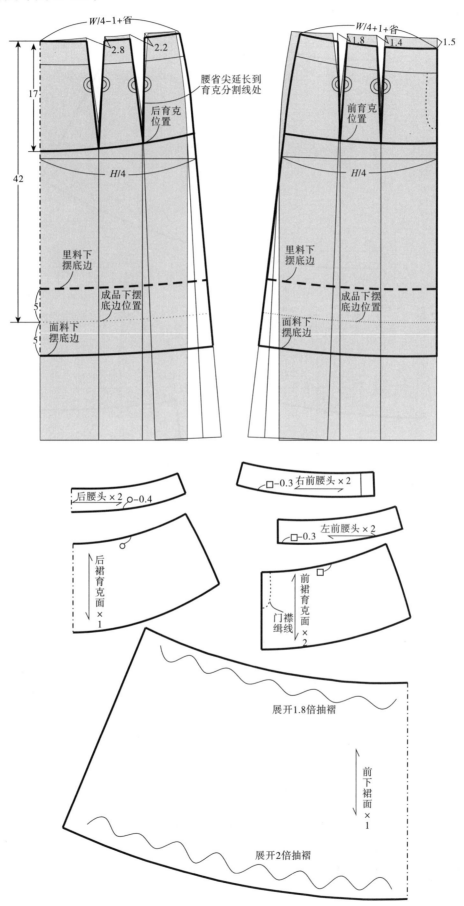

图 3-33

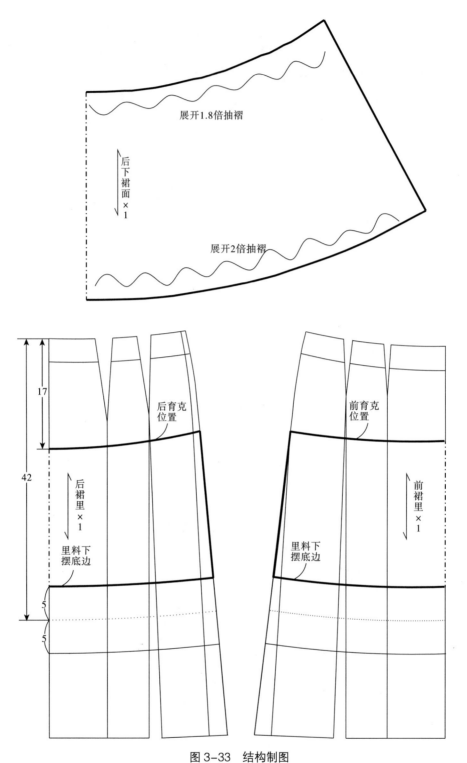

图 3-33　结构制图

（五）技术要点

（1）复制半身裙原型。将半身裙原型侧缝向前片平移，前、后片臀围成 1/2 分。里料裙长为成品裙长减去 5cm。合并部分腰省后，下摆展开的量达到所需下摆尺寸。

（2）按设计效果图进行前、后育克分割。后育克高度要略比前育克高度偏下。

（3）腰省尖延长至育克分割线处，将腰省合并，形成前、后育克。

（4）将前、后下裙拼块复制出来，按设计效果需要展开，抽褶量本案例设定为：上口展开 1.8 倍，下口展开 2 倍（展开倍数，视面料的悬垂性及柔软度而定，一般上口略少，下摆略多）。

案例十七 多层荷叶边裙

（一）款式（图 3-34）

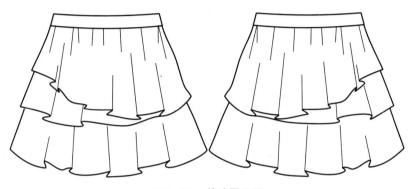

图 3-34 款式平面图

款式说明：中腰，裙长至膝上约 18cm。四层结构，最内层为里裙，外三层下摆高低错落，其中第三层上口缉缝在里裙中间处（减少腰口厚度），下摆密锁边工艺。腰头为罗纹内穿橡筋带，贴合身体腰线，突显小蛮腰。柔软细腻的网眼面料，多层抽褶富有层次立体感，款式尽显活力少女气息。

（二）面辅料（表 3-33）

表 3-33 面辅料

类 型	使用部位	材 料
面料	第一、二、三层荷叶边	涤纶低弹丝网眼布
里料	大身里	100g/m² 涤纶双面针织布
罗纹	腰面	380g 氨纶灯芯针织布
橡筋带	腰头内	弹力橡筋带

（三）规格设计（表 3-34）

表 3-34 规格表（160/66A） 单位：cm

序号	部位	规格	档差	序号	部位	规格	档差
1	后中长	38	1	4	腰围（W_1，松量）	66	4
2	摆围（面）	156	4	5	腰围（W_2，拉量）	92	4
3	摆围（里）	130	4	6	腰头宽	5	0

（四）结构制图（图3-35）

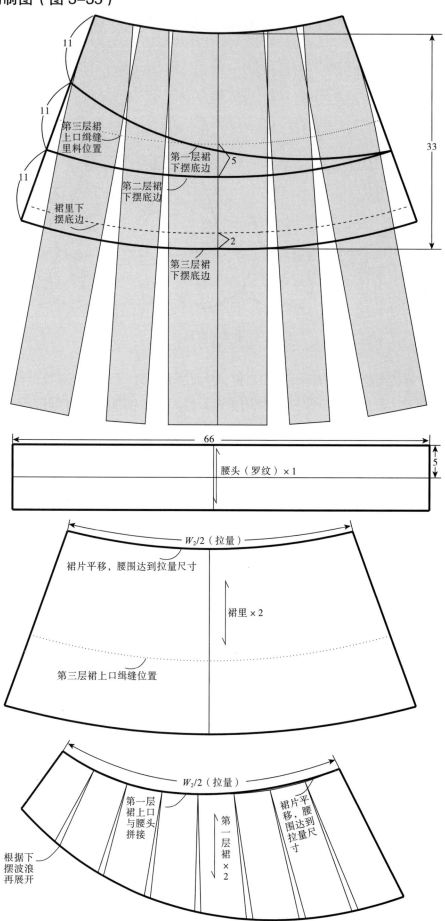

第三层裙上口缉缝里料位置

第一层裙下摆底边

第二层裙下摆底边

裙里下摆底边

第三层裙下摆底边

33

5

腰头（罗纹）×1

66

5

$W_2/2$（拉量）

裙片平移，腰围达到拉量尺寸

裙里×2

第三层裙上口缉缝位置

$W_2/2$（拉量）

第一层裙上口与腰头拼接

第一层裙×2

裙片平移，腰围达到拉量尺寸

根据下摆波浪再展开

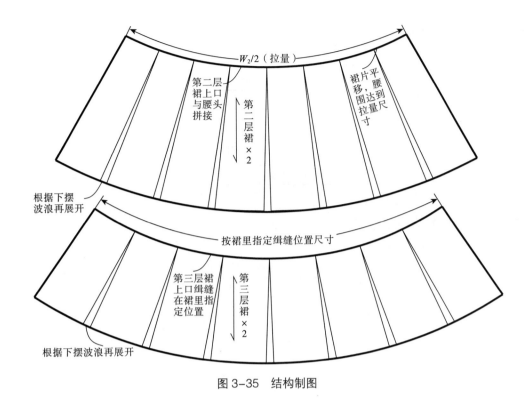

图 3-35　结构制图

（五）技术要点

（1）复制半身裙原型。此类裙前后片为 1/2 分，将腰省合并一半，腰口与中臀围作切线至下摆成小 A 裙。

（2）在半身裙原型上作第一层、第二层、第三层裙下摆底边位置。第一层、第二层裙上口与腰头拼接，第三层裙上口缉缝在裙里中间位置。其中第二层裙下口盖住第三层裙上口 5cm，裙里下摆底边比第三层裙下摆底边短 2cm。

（3）将第一层、第二层荷叶边，裙里上口展开，达到腰围拉开尺寸（满足穿着时通过人体臀部位置）。再根据所需的下摆波浪程度将下摆展开，本例为展开 1.39 倍。

（4）对抽褶较多的款式，也可以直接做成长条状，根据所需倍率而确定尺寸。

案例十八　多层打裥裙

（一）款式（图 3-36）

款式说明：中低腰，裙长至膝上约 16cm。三层结构，最内层为衬裤，中间层为常规 A 字裙，最外层在裙中间横向缉塔克裥（做成活页状），腰头收碎褶。弯腰，腰面贴缝蕾丝，右侧装 4# 隐形尼龙拉链。款式有多层立体之感，生产简便，成本低。

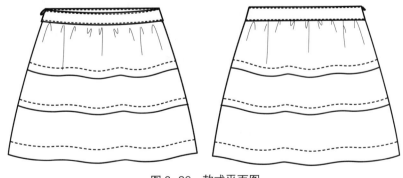

图 3-36　款式平面图

（二）面辅料（表3-35）

表3-35 面辅料

类　型	使 用 部 位	材　料
面料	大身、腰头	泡泡涤纶网眼布
里料	衬裤、大身里（中间层）、腰头	涤棉布
蕾丝	腰头夹层	水溶花边
拉链	右腰侧缝	4# 隐形尼龙拉链

（三）规格设计（表3-36）

表3-36 规格表（160/66A）　　　　　　　　单位：cm

序号	部位	规格	档差	序号	部位	规格	档差
1	后中长（裙）	40	1	6	侧边长（衬裤）	32	1
2	腰围（W）	70	4	7	臀围（衬裤裆上8cm）	94	4
3	摆围（裙）	140	4	8	脚口围（衬裤）	54	2.4
4	腰高	3.5	0	9	前裆长（衬裤含腰）	26	1
5	拉链长	18	1	10	后裆长（衬裤含腰）	35	1.5

（四）结构制图（图3-37）

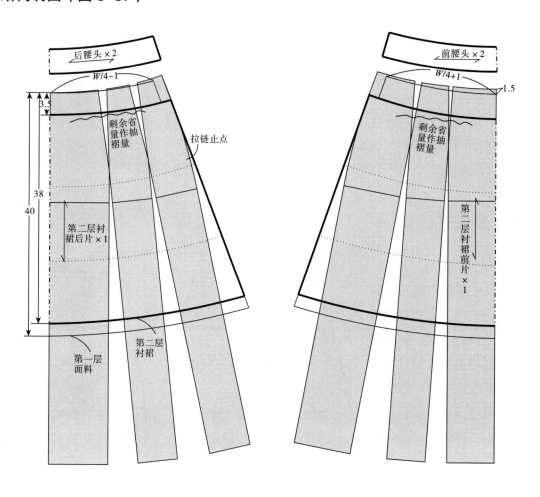

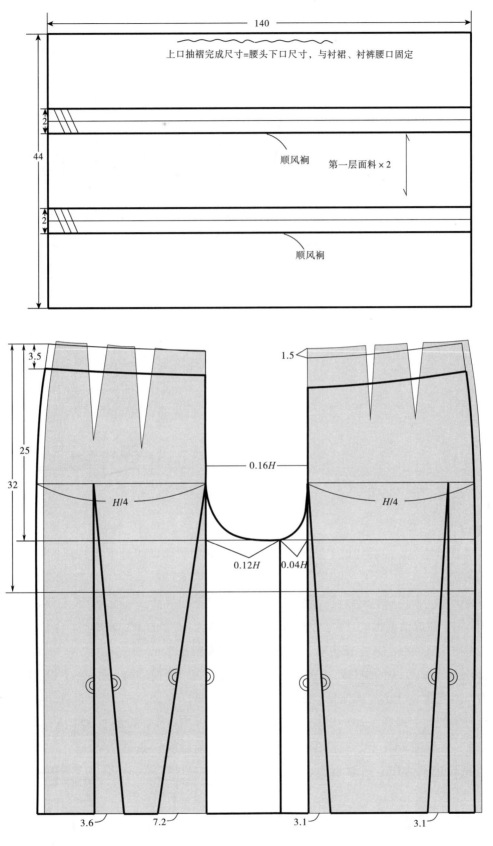

上口抽褶完成尺寸=腰头下口尺寸，与衬裙、衬裤腰口固定

顺风裥

第一层面料×2

顺风裥

图 3-37

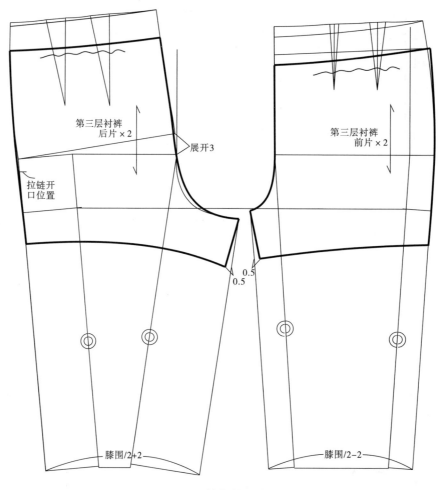

第三层衬裤
后片×2

展开3

拉链开
口位置

0.5
0.5

膝围/2+2

第三层衬裤
前片×2

膝围/2-2

图 3-37　结构制图

（五）技术要点

（1）复制半身裙原型，前后片成 1/2 分。侧边从腰口到中臀作切线到下摆，腰省量合并一半成小 A 裙。前腰口下降 1.5cm。

（2）第一层面料，根据面料的厚度、硬度、悬垂性而设定抽褶量，一般为 1.5~2 倍。裙片中间展开 2 个顺风裥（缉线固定做成活页状），第一层裥的位置一般为裙面高度的 1/3 略偏上，穿着后比例较美观。

（3）第二层衬裙直接在小 A 字裙上取，长度比第一层面料短 2cm。

（4）由于裙长较短，可以搭配衬裤。先复制半身裙原型，前腰头下降同第一层面料，设定裆宽总量 =0.16H，前裆宽 =0.04H，后裆宽 =0.12H，裆深 =（身高 160+ 净臀围 90）/10=25cm。分别制作出衬裤的前后裆。

（5）在后臀围线向上展开 3cm（人体后裆活动量），为后裆斜线。按图 3-37 所示位置在膝围线处收进减小膝围尺寸（设膝围 =44cm），后膝围 = 膝围 /2 +2cm，前膝围 = 膝围 /2 -2cm。内裆缝脚口处再收进 0.5cm，使内裆缝不重叠，脚口尺寸减小。

案例十九　工字裥裙

（一）款式（图 3-38）

款式说明：中低腰，裙长至膝上约 17cm。前后片各做 7 个暗工字裥，裥上

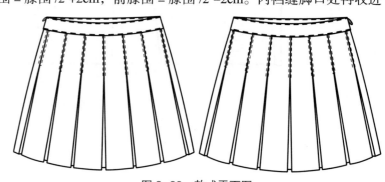

图 3-38　款式平面图

端缲线固定，底边反折暗缲边。内里单独做，里底边卷边缲 0.6cm 单线。右侧装 4# 隐形尼龙拉链。有规律的裥裙，使活泼的 A 字裙不失端庄，尽显可爱少女风范。

（二）面辅料（表 3-37）

表 3-37　面辅料

类　型	使用部位	材　料
面料	大身、腰头	色织竖条布
里料	大身里	春亚纺
拉链	腰右侧	4# 隐形尼龙拉链

（三）规格设计（表 3-38）

表 3-38　规格表（160/66A）　　　　　　　　　　　　　　　单位：cm

序号	部位	规格	档差	序号	部位	规格	档差
1	后中长	38	1	4	摆围（里）	140	4
2	腰围（W）	70	4	5	拉链长	19	1
3	摆围（面）	228	4	6	腰高	3	0

（四）结构制图（图 3-39）

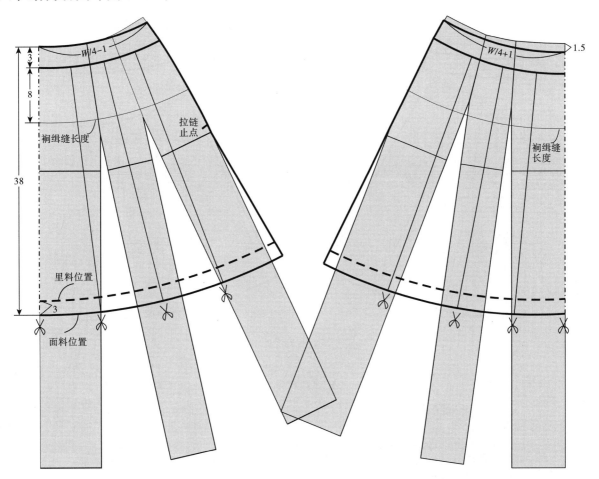

图 3-39

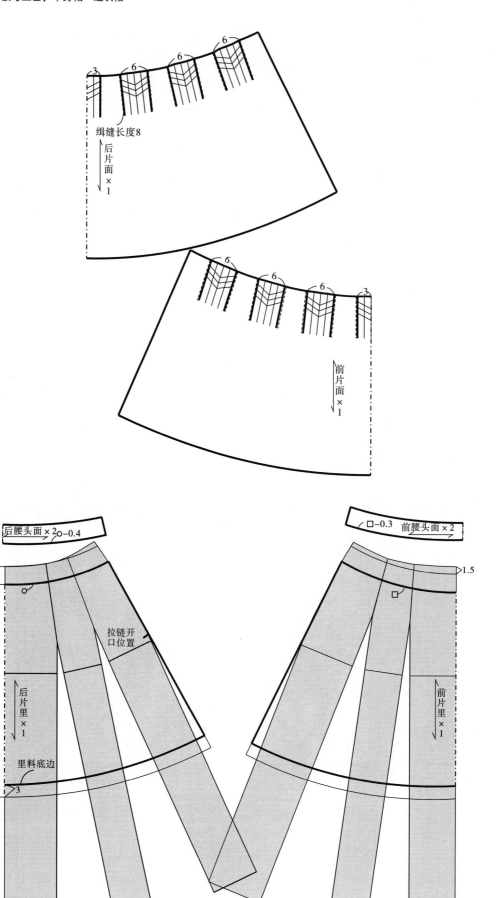

图 3-39 结构制图

（五）重点技术要点

（1）复制半身裙原型。将半身裙原型侧缝向前片平移，前后片成 1/2 分。腰省量合并成 A 字裙。腰口前中下降 1.5cm，形成前腰低，后腰高，穿着、平铺后更美观。

（2）为使腰头起翘量不要太高，腰头省合并后，每片下口收掉 0.3~0.4cm，作为缩腰吃量，能够使腰头弧度减小，外形更好看。

（3）在指定位置，将裙片每个裥平行展开 6cm。工字裥烫定型后，在裥上端两侧各缉 8cm 长线迹固定。

（4）裙长较短，裙里亦可改为衬裤。方法参见案例十八"多层打裥裙"。

案例二十　顺风裥裙

（一）款式（图 3-40）

款式说明：中低腰，裙长至膝上约 17cm。前后宽腰头拼接，钉腰襻。裙前后片各 8 个顺风裥，底边反折暗缲边。有裙里，里底边卷边缲 0.6cm 单线。右侧装 4# 隐形尼龙拉链。较宽的腰头设计，使裙长显短，优化身材比例，更显高挑与活力。

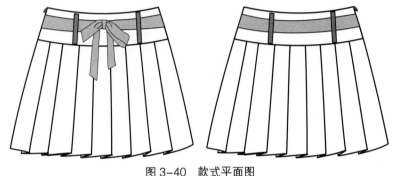

图 3-40　款式平面图

（二）面辅料（表 3-39）

表 3-39　面辅料

类　型	使 用 部 位	材　料
面料	大身、腰头、串带	混纺粗呢
里料	大身	380T 春亚纺
拉链	腰右侧缝	4# 隐形尼龙拉链
缎带	腰带	4cm 宽色丁缎带

（三）规格设计（表 3-40）

表 3-40　规格表（160/66A）　　　　　　　　单位：cm

序号	部位	规格	档差	序号	部位	规格	档差
1	后中长（面）	38	1	6	腰高	11	0
2	后中长（里）	35	1	7	拉链长	19	1
3	腰围（W）	70	4	8	腰带长	150	0
4	摆围（面）	218	4	9	串带（长/宽）	10/1.5	0
5	摆围（里）	140	4				

（四）结构制图（图3-41）

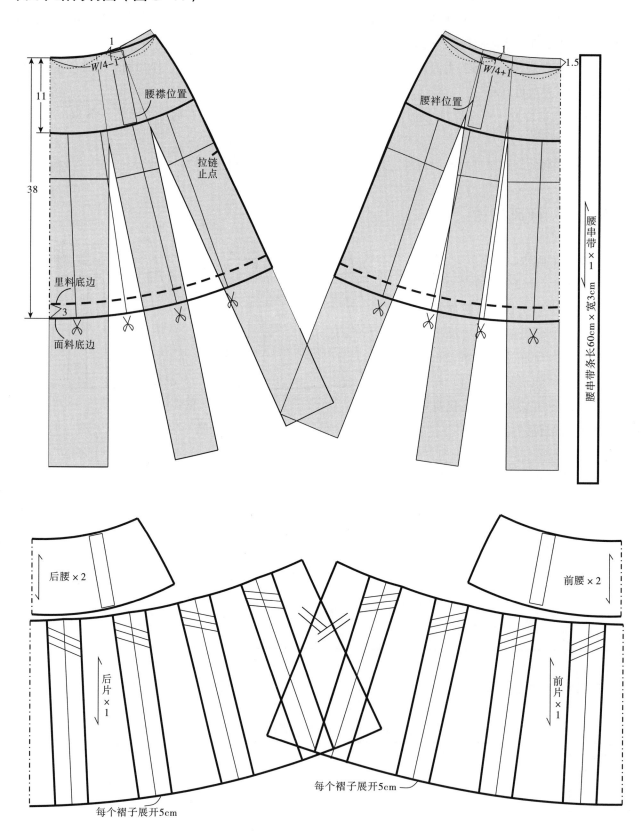

图中文字标注：

1

W/4−1

腰襟位置

拉链止点

里料底边

面料底边

3

1

W/4+1

1.5

腰祥位置

腰串带条长60cm×宽3cm×1

腰串带

后腰×2

前腰×2

后片×1

前片×1

每个褶子展开5cm

每个褶子展开5cm

11

38

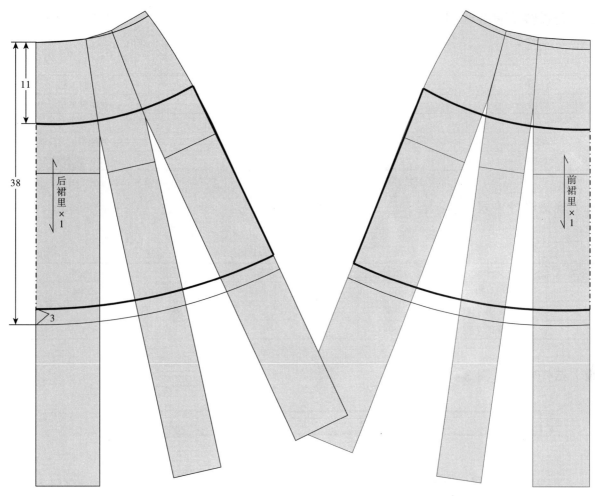

图 3-41　结构制图

（五）技术要点

（1）复制半身裙原型。将半身裙原型侧缝向前片平移，前后片成 1/2 分，腰省量合并成 A 字裙。前腰口下降 1.5cm，形成前腰低，后腰高，穿着、平铺后更美观。

（2）将半身裙原型复制出来，每个裥平行展开 5cm。为使裥固定，在上端将裥暗缲线 8cm 长固定。

（3）裙里比裙面短 3cm，直接在腰省合并后的 A 字裙上取里料。

案例二十一　紧身短裙

（一）款式（图 3-42）

款式说明：中腰，修身型。裙长至膝上约 10cm。下摆收窄，突出臀部。后下摆开衩，前、后片腰下收省，后中装拉链。此款采用高弹面料，穿着性感，突出人体曲线。

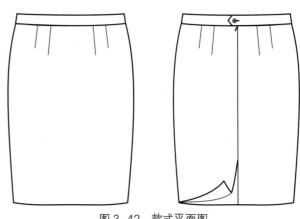

图 3-42　款式平面图

（二）面辅料（表3-41）

表3-41　面辅料

类　型	使 用 部 位	材　料
面料	大身、腰头	色织弹力格子布
黏合衬	腰贴边	50旦有纺衬
拉链	后身	3#隐形尼龙拉链
纽扣	后腰头	24L树脂纽扣

（三）规格设计（表3-42）

表3-42　规格表（160/66A）　　　　　　　　　　单位：cm

序号	部位	规格	档差	序号	部位	规格	档差
1	后中长	45	1	4	摆围	84	4
2	腰围（W）	68	4	5	腰高	3.5	0
3	臀围（H）	90	4	6	后开衩长	11.5	0

（四）结构制图（图3-43）

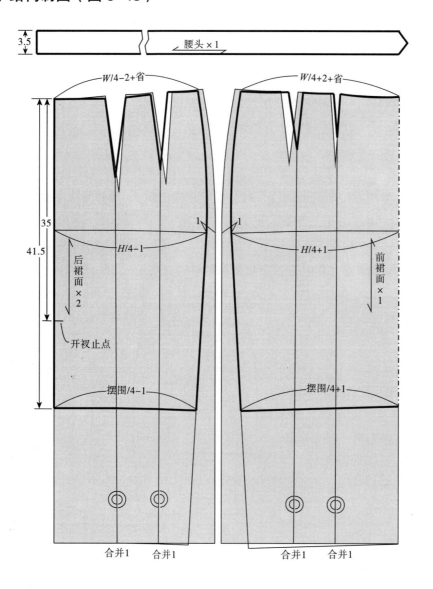

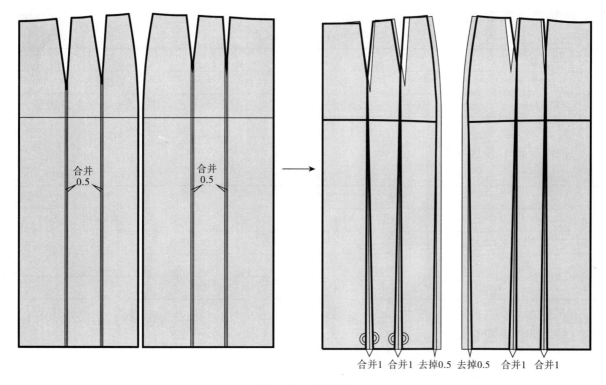

合并1　合并1　去掉0.5　去掉0.5　合并1　合并1

图 3-43　结构制图

（五）技术要点

（1）复制半身裙原型。在每个腰省省尖处将大身围度合并 0.5cm，整件围度共减小 4cm。

（2）将四个省尖垂直向下作直线。以省尖不动，在半身裙原型下摆处每条线合并 1cm，此时腰省量打开增大。前、后侧缝下摆再分别收掉 0.5cm，整个下摆围度共减小 10cm。按设定裙长确定下摆底边位置，由于裙长较短，实际裙下摆减小 6cm。

（3）下摆尺寸较小，后中开衩位置距腰口一般不小于 38cm，否则易走光。

案例二十二　休闲包臀裙

（一）款式（图 3-44）

款式说明：中腰，腰头内穿橡筋带收褶。下摆较窄，裙长至膝上约 16cm。下摆采用针织产品缝制工艺（双针冚车缲双线）。针织面料柔软、舒适，是休闲常用短裙。

图 3-44　款式平面图

（二）面辅料（表3-43）

表3-43　面辅料

类　型	使用部位	材　料
面料	大身、腰头	涤弹提花裥条针织布
橡筋带	腰头	3.5cm宽弹力橡筋带

（三）规格设计（表3-44）

表3-44　规格表（160/66A）　　　　　　　　　　单位：cm

序号	部位	规格	档差	序号	部位	规格	档差
1	后中长	40	1	5	摆围	84	4
2	腰围（W_1，松量）	63	4	6	腰高	3.5	0
3	腰围（W_2，拉量）	85	4				
4	臀围	88	4				

（四）结构制图（图3-45）

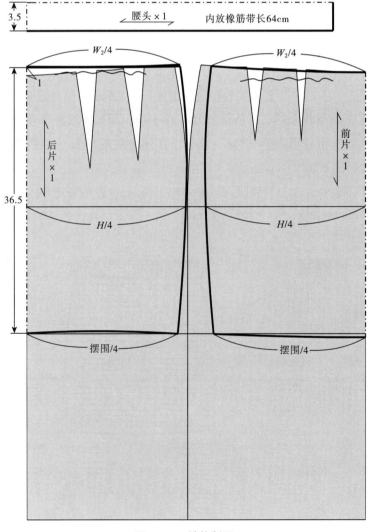

图3-45　结构制图

（五）技术要点

（1）复制半身裙原型。将腰省量作为橡筋带回缩后的抽褶量。腰口侧缝做成弧线更贴体，但注意根据面料的弹性，穿着时拉开腰围需能顺利通过人体臀部。

（2）此类裙款侧边居中。将侧缝平移，取 1/4 腰围、1/4 臀围、1/4 摆围。

（3）前、后腰口平齐（后中不需要下落），满足休闲裙活动量。

（4）前下摆底边略凸出，后下摆底边略凹进，使下摆底边圆顺。

（5）注意下摆向内收的窄裙或向外放的小 A 裙，在膝围线处收进 2cm 或放出 2cm 是极限，超过此范围，需通过腰省转移的方法使臀围线以上结构有变化。

案例二十三　百褶裙

压褶裙是指由专业的压褶工厂用特种设备，采用高温、高压的方式制成不同褶量、褶形、不同间距的定型褶，又分排褶和立体褶。

排褶是指褶上下相同，褶与褶之间的间距上下相同。立体褶又称太阳褶，是指上下褶间距不一样，立体的压褶方式。

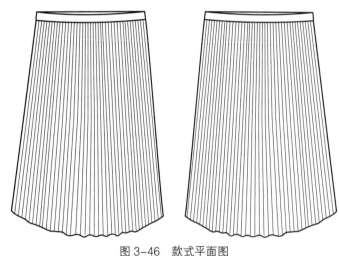

（一）款式（图 3-46）

款式说明：中腰，腰头直接使用弹力橡筋带。前后片机器压细排褶，下摆底边为裁边。裙长至小腿中间。中长裙能很好的修饰身材比例，百褶的裙摆设计唯美又飘逸，自带女神仙气。

图 3-46　款式平面图

（二）面辅料（表 3-45）

表 3-45　面辅料

类　型	使 用 部 位	材　料
面料	大身	310g/m² 欧羊呢
橡筋带	腰头	3cm 宽弹力橡筋带

（三）规格设计（表 3-46）

表 3-46　规格表（160/66A）　　　　　　　　　　单位：cm

序号	部位	规格	档差	序号	部位	规格	档差
1	后中长	77	1	3	摆围	230	12
2	腰围（W）	63	4	4	腰高	3	0

（四）结构制图（图3-47）

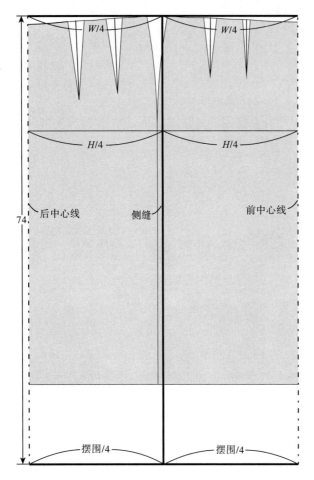

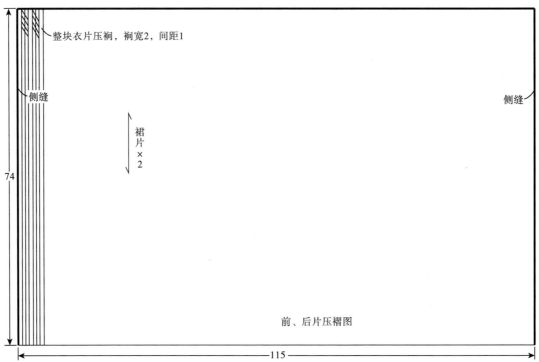

图 3-47　结构制图

（五）技术要点

（1）复制半身裙原型。将前、后半身裙原型连接成长方形。

（2）按下摆所需要的围度，将长方形展开。裥由压裥厂压制定型。

（3）如下摆底边要卷边或密锁，需先完成后再压裥，保持下摆底边顺直。

（4）压裥工艺过程中由于高温，面料会缩小，故压裥前面料需先做好缩率测试，放大纸样。

案例二十四　大摆百裥裙

（一）款式（图3-48）

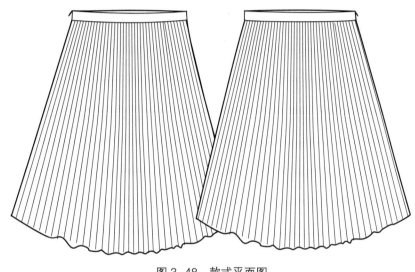

图3-48　款式平面图

款式说明：中腰，裙长至膝盖略偏下。前、后片机器压细裥，裥上窄下宽，为立体裥。绱腰头后腰部平整无裥子。右侧缝装 $3^{\#}$ 隐形尼龙拉链。底边卷边 0.6cm 单线。腰部合体，突显腰线，下摆轻盈飘逸。

（二）面辅料（表3-47）

表3-47　面辅料

类　型	使 用 部 位	材　料
面料	大身、腰头	涤纶黏纤布
黏合衬	腰头	有纺衬
拉链	右侧缝	$3^{\#}$ 隐形尼龙拉链

（三）规格设计（表3-48）

表3-48　规格表（160/66A）　　　　　　　　　　单位：cm

序号	部位	规格	档差	序号	部位	规格	档差
1	后中长	68	1.5	4	拉链长	19	1
2	腰围（W）	67	4	5	腰高	3	0
3	摆围	300	16				

（四）结构制图（图3-49）

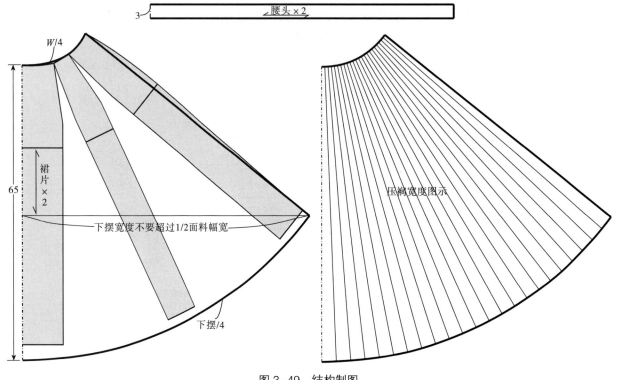

图3-49　结构制图

（五）技术要点

（1）复制半身裙原型。将半身裙原型从下摆展开，展开量不可超过1/2面料幅宽，否则布纹线需要垂直于前、后中心线（用横纹）。

（2）压裥宽度为上窄下宽。绱腰时将裥打开缉缝，穿着后下摆自然归拢。此裙款腰部较平整、干净利落。一般选用垂感好的雪纺、针织、网眼面料制作。

（3）下摆底边要卷边或密锁，需先完成后再压裥，保持外观的一致。

案例二十五　拼接鱼尾裙

（一）款式（图3-50）

款式说明：正腰，大身连腰，腰口每侧各收1个腰省。膝围处收小，裙下摆荷叶边分割展开成喇叭形，整体呈鱼尾形。弹力缎布面料，光泽亮丽，舒适有型。款式尽显人体腰臀曲线，优雅而柔美。

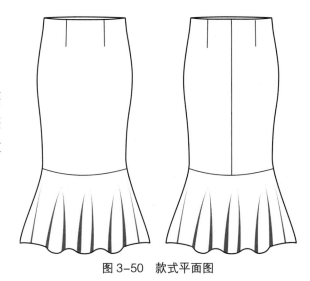

图3-50　款式平面图

（二）面辅料（表 3-49）

表 3-49　面辅料

类　型	使 用 部 位	材　料
面料	大身、腰贴、下摆	弹力缎布
里料	裙里	微弹春亚纺
黏合衬	腰贴	30 旦有纺衬
拉链	后中	3# 隐形尼龙拉链

（三）规格设计（表 3-50）

表 3-50　规格表（160/66A）　　　　　　　　　　　　　　　　单位：cm

序号	部位	规格	档差	序号	部位	规格	档差
1	后中长	72	1.5	5	摆围	222	按型推码
2	腰围（W）	67	4	6	荷叶边高	22	0.5
3	臀围（H）	92	4	7	拉链长	20	1
4	膝围	88	4				

（四）结构制图（图 3-51）

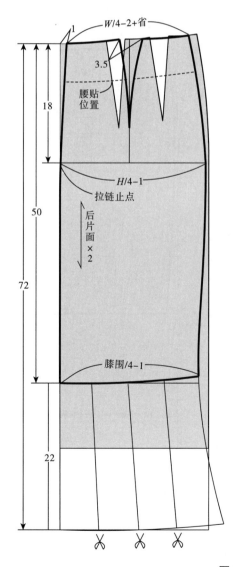

图 3-51

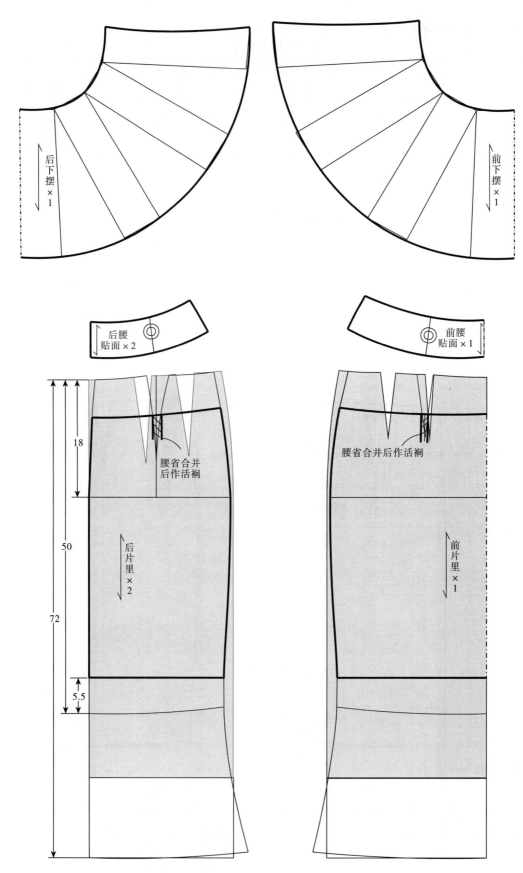

图 3-51　结构制图

（五）重点技术要点

（1）腰省量按人体体型特点分配，一般是前腰省省量＜侧腰省省量＜后腰省省量。侧缝省量每侧不宜超过 2.5cm。

（2）原身出腰贴，将腰省合并线条修顺。

（3）荷叶边分割线位于人体膝围线向上，并且分割线起翘作弧形，拼接后圆顺。膝围处收进不宜超过 1.5cm。

（4）下摆的展开量按设计要求，一般展开量不需超过 90°。

（5）贴体裙子，里料宜比面料略松。里料在侧缝位置，每片围度加放 0.2cm 松量（眼皮）。

案例二十六　拖地鱼尾裙

（一）款式（图 3-52）

款式说明：中腰，常规装腰头，修身板型。前裙长及地，后裙下摆延长打开，呈鱼尾形。前、后片纵向分割，膝部偏上开始收窄，下摆底边锁边内折，暗缲边。此款一般采用光泽感强的色丁缎纹面料或搭配精致的蕾丝面料，是出席高档社交场合的华贵着装。

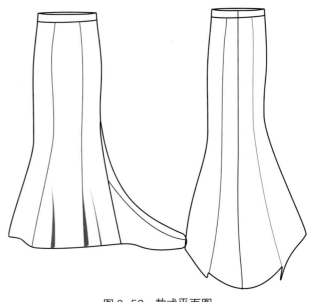

图 3-52　款式平面图

（二）面辅料（表 3-51）

表 3-51　面辅料

类　型	使 用 部 位	材　料
面料	大身、腰头	全涤缎布
黏合衬	腰头、装拉链位	30旦有纺衬
拉链	后中	4#隐形尼龙拉链

（三）规格设计（表 3-52）

表 3-52　规格表（160/66A）　　　　　　　　　　　单位：cm

序号	部位	规格	档差	序号	部位	规格	档差
1	前裙长	101.5	2.5	5	膝围	100	4
2	后裙长（拖尾）	158.5	2.5	6	拉链长	20	1
3	腰围（W）	68	4	7	腰高	3.5	0
4	臀围（H）	92	4				

（四）结构制图（图 3-53）

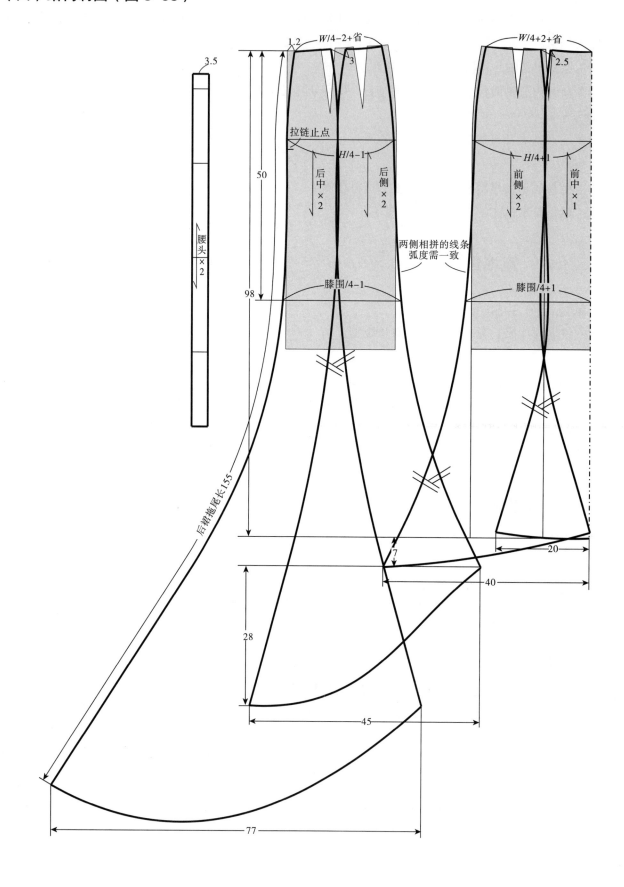

图中标注：

3.5

腰头 ×2

1.2

W/4-2+省

3

拉链止点

H/4-1

后中 ×2

后侧 ×2

50

98

膝围/4-1

两侧相拼的线条弧度需一致

后裙拖尾长155

28

7

40

45

77

W/4+2+省

2.5

H/4+1

前侧 ×2

前中 ×1

膝围/4+1

20

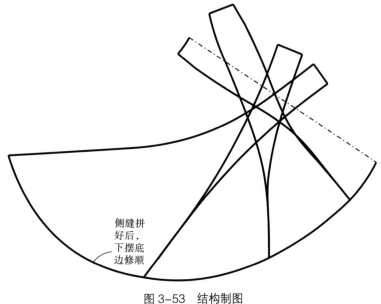

图 3-53　结构制图

侧缝拼好后，下摆底边修顺

（五）重点技术要点

（1）腰省量按人体体型特点分配，一般是后中腰省省量＜前腰省省量＜侧腰省省量＜后腰省省量。如果做普通八片式鱼尾裙，腰省可以均分。从膝围位置开始放摆、线条做流畅。

（2）下摆尺寸，按成衣后摆围打开量的多少而设定。由于后中缝需拖尾，为形成平铺效果，放摆量的分配一般是前腰省分割线缝＜后腰省分割缝＜前后侧缝＜后中缝。前中下摆尺寸不宜过大，侧缝、后中处加大尺寸（建议通过立体裁剪修正纸样）。

（3）裙片两侧相拼的线条弧度需一致，这样线条才流畅，也不易起扭、起皱。

（4）最后将各裙片，在下摆处拼接一部分，将下摆底边弧线修顺。如果难以修顺，可调整各条放摆线条的弧度。

案例二十七　斜裁波浪裙

（一）款式（图 3-54）

款式说明：中腰，裙长至小腿中间。大身板型呈 H 型，下摆呈荷叶边状。装腰头，右侧装 4# 隐形尼龙拉链。裙身斜向分割，利用面料斜纹方向的垂性，达到修身贴体的效果。造型富有动感，又充分体现了女性曼妙的曲线。

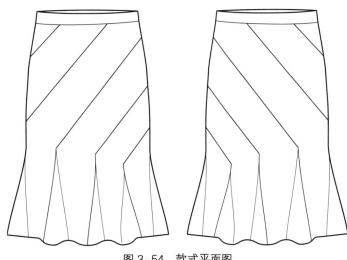

图 3-54　款式平面图

（二）面辅料（表 3-53）

表 3-53 面辅料

类 型	使 用 部 位	材 料
面料	大身	80g/cm² 低弹乱麻雪纺布
黏合衬	腰头	30旦有纺衬
拉链	右侧缝	3# 隐形尼龙拉链

（三）规格设计（表 3-54）

表 3-54 规格表（160/66A） 单位：cm

序号	部位	规格	档差	序号	部位	规格	档差
1	后中长（不含波浪）	75	1.5	4	摆围（沿边量）	420	按型推码
2	腰围（W）	68	4	5	拉链长	33	1
3	臀围（H）	90	4	6	腰高	3	0

（四）结构制图（图 3-55）

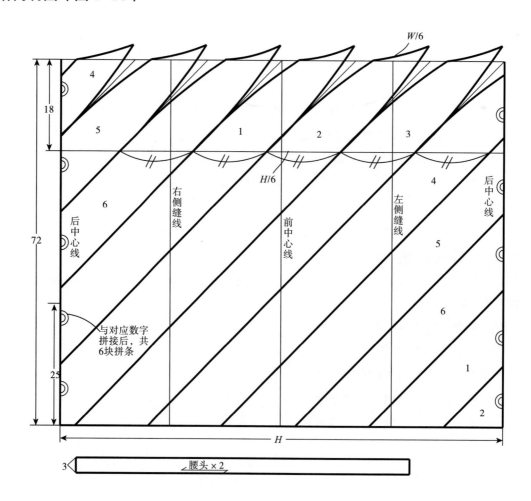

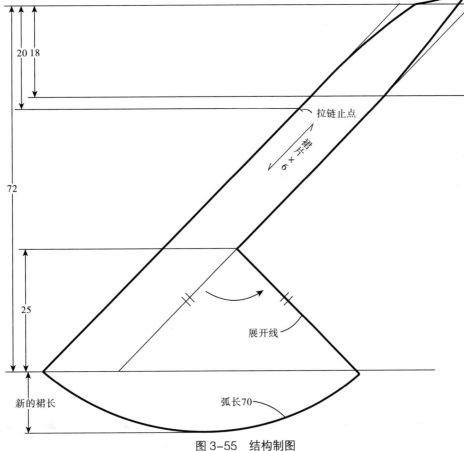

图 3-55　结构制图

（五）技术要点

（1）裙片布纹线平行于衣片分割线，利于裁剪、缝制。由于围度方向是斜纹，尺寸容易变大，所以先设定纸样臀围、腰围尺寸。在成衣设定尺寸的基础上要减去变化的量（视面料的疏密、质地），其中臀围需比腰围减去的量略多。

（2）从腰部画出 6 条 45°斜线，此为分割线，在上上口斜线的两侧收腰省，腰省为（$H-W$）/6。实际应用中为使两侧分割线长度相等，一侧的腰头向上弧出，腰围尺寸大于设定尺寸，此时还需调整加大收省量，达到设计腰围值。

（3）隐形尼龙拉链的长度，需在臀围线以下。注意不是腰口至斜线的长度，应是以腰口垂直于分割线的交点为准。

（4）从下摆底边向上设定下摆的波浪起始点。角度可以在 180°内自由变化，角度的大小即波浪量的大小。但注意由于波浪下垂，实际裙长会超过设定的长度。

案例二十八　斜分割波浪裙

（一）款式（图3-56）

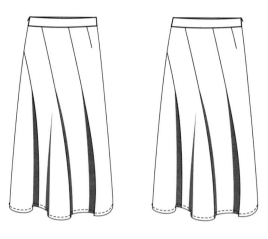

图3-56　款式平面图

款式说明：中腰，裙长至小腿中间。大身做斜向分割，由于面料斜纹方向有良好的悬垂性，有贴体修身效果。膝盖处略收一点，下摆呈轻微的波浪。下摆底边卷边1cm单线。装腰头，右侧装4#隐形尼龙拉链。此裙款线条流畅，优雅飘逸。

（二）面辅料（表3-55）

表3-55　面辅料

类　型	使用部位	材　料
面料	大身、腰头	350g/m² 低弹乱麻布
黏合衬	腰头、装拉链位置	30旦有纺衬
拉链	右侧缝	4#隐形尼龙拉链

（三）规格设计（表3-56）

表3-56　规格表（160/66A）　　　　　　单位：cm

序号	部位	规格	档差	序号	部位	规格	档差
1	后中长	70	1.5	5	摆围	268	4
2	腰围（W）	68	4	6	拉链长	20	1
3	臀围（H）	98	4	7	腰高	3.5	0
4	膝围	114	4				

（四）结构制图（图 3-57）

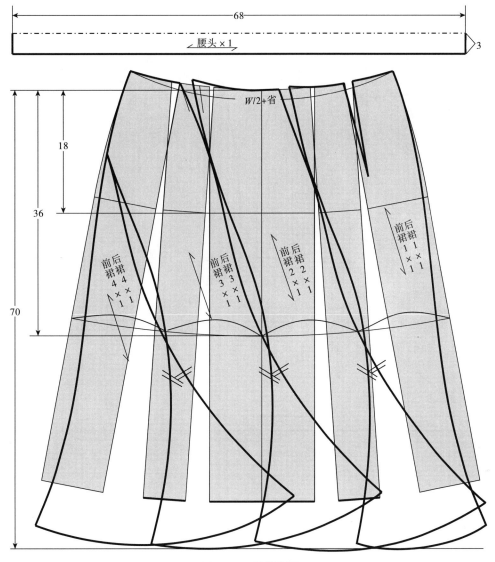

图 3-57　结构制图

（五）技术要点

（1）复制半身裙原型。将半身裙原型侧缝向前片平移，前后片成 1/2 分。腰省量合并一半成小 A 字裙（剩余腰省转移到拼缝位置及侧边省）。

（2）从腰头向下 36cm 作膝围线，膝围线四等分，与腰部连接作斜线。下摆的尺寸按成衣后波浪的多少而设定，约 1.5~2 倍。膝围线上略收小更显下摆波浪效果。

（3）腰省在分割线处分散处理，右侧空间较大，收一个小省。

（4）布纹线为平行斜向分割线。裙片两侧相拼的线条弧度尽量一致，这样线条才流畅，也不易起扭、起皱。

（5）裙片上部分完成后，在下摆处各裙片缝份相拼，将下摆底边弧线修顺。

案例二十九　高腰短裙

（一）款式（图3-58）

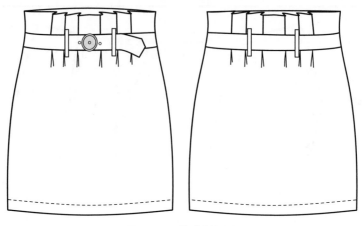

图3-58　款式平面图

　　款式说明：腰头打顺风褶，腰下3cm开始缉明线固定。裙长至大腿中间。下摆略收进，凸显臀部曲线。右侧缝腰口装3#隐形尼龙拉链。高腰设计，使大腿更显长，拉长下肢比例。

（二）面辅料（表3-57）

表3-57　面辅料

类　型	使用部位	材　料
面料	大身、腰带、串带	350g/m² 全涤乱麻弹力布
黏合衬	腰头	30旦有纺衬
拉链	右侧缝	3#隐形尼龙拉链
环形扣	腰带	内径6.5cm带针环形扣
气眼	腰带	外径16L金属气眼

（三）规格设计（表3-58）

表3-58　规格表（160/66A）　　　　　　　　单位：cm

序号	部位	规格	档差	序号	部位	规格	档差
1	后中长	46	1.2	5	摆围	96	4
2	腰围（W）	68	4	6	腰带（长/宽）	110/6	0
3	腰至臀长	24	0.5	7	腰口至裆底	9	0
4	臀围（H）	100	4	8	拉链长	18	1

（四）结构制图（图 3-59）

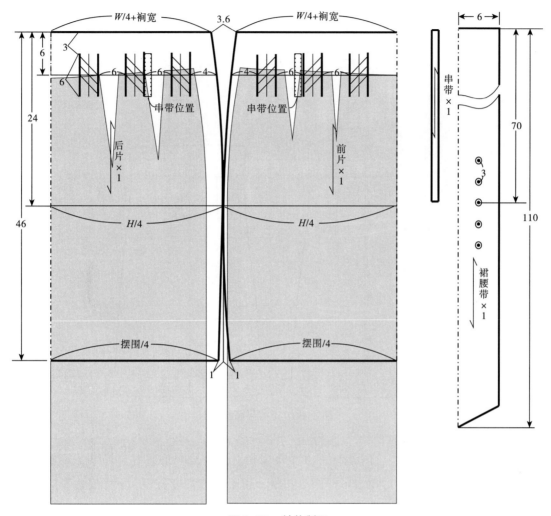

图 3-59　结构制图

（五）技术要点

（1）复制半身裙原型。将半身裙原型侧缝向前片平移，前后片成 1/2 分。腰围线向上移 6cm，设定新裙长 46cm。裙侧缝下摆每边收进 1cm。腰口每侧收 3 个裥，裥长 6cm，距腰口边 3cm。

（2）臀围为 100cm，则每个裥缉缝宽度为 ［100-（3.6×2）-68］÷12=2.06cm。

案例三十　高腰背带裙

（一）款式（图3-60）

图3-60　款式平面图

　　款式说明：裙长至膝略偏上。门襟钉一排8个金属扣，腰头做V型造型。前片腰下缉顺风裥，后腰收省。装可脱卸背带，背带前、后尾端各开两个扣眼，用于调节背带长短。下摆底边卷边压2cm单线。超高腰设计，突显腰身。小A字裙摆，简洁利落。

（二）面辅料（表3-59）

表3-59　面辅料

类　型	使 用 部 位	材　料
面料	大身、背带	印花棉质弹力布
黏合衬	腰里	无纺衬
纽扣	门襟	26L金属扣

（三）规格设计（表3-60）

表3-60　规格表（160/66A）　　　　　　　　　　　　　单位：cm

序号	部位	规格	档差	序号	部位	规格	档差
1	后中长	57	1	4	摆围	101	4
2	腰围（W）	69	4	5	背带长	71.5	2
3	臀围（H）	94	4	6	腰头高（侧边）	8	0

（四）结构制图（图3-61）

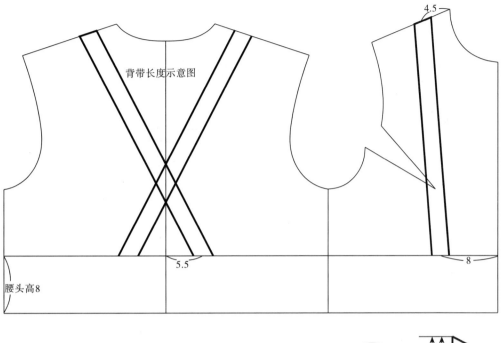

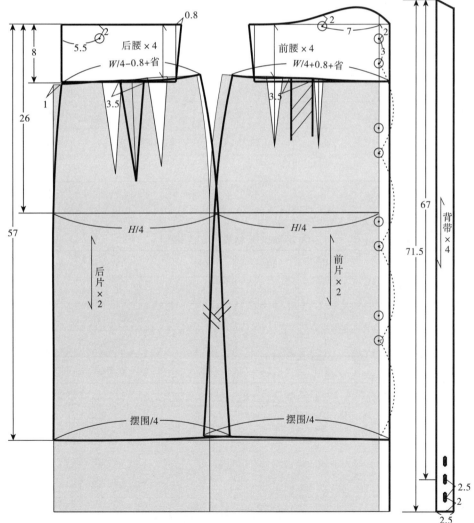

图3-61　结构制图

（五）技术要点

（1）复制半身裙原型。将半身裙原型侧缝向前片平移，前后片成 1/2 分。后中缝收省 1cm，后片中间收省 3.5cm。前腰省做活褶宽 3.5cm，其余省量在侧缝处理。下摆侧缝处放出 1.5cm。

（2）背带长度在上衣原型上制图，最后还需在模特或人台上确认、调整。

（3）前中开门襟，共钉 4 组纽扣。注意在接近臀围线位置需钉纽扣，避免走光。

案例三十一　合体裙裤

裙裤是在裙子基础纸样上增加裤子横裆的结构，外形似裙子。

（一）款式（图 3-62）

款式说明：中腰，合体型，长至膝盖处。前、后腰收省。有前后裆，腿部宽松。右侧缝装 4# 隐形尼龙拉链。在满足人体活动方便的同时，又有裙子飘逸的风格。

图 3-62　款式平面图

（二）面辅料（表 3-61）

表 3-61　面辅料

类　型	使用部位	材　料
面料	大身、腰头	黏纤涤纶混纺平纹布
黏合衬	腰头	30 旦有纺衬
拉链	右侧缝	4# 隐形尼龙拉链

（三）规格设计（表 3-62）

表 3-62　规格表（160/66A）　　　　　　　　　　　单位：cm

序号	部位	规格	档差	序号	部位	规格	档差
1	裤长	63.5	1.5	5	前裆长（含腰）	36.5	1
2	腰围（W）	67	4	6	后裆长（含腰）	42.5	1.5
3	臀围（H）	94	4	7	腰高	3.5	0
4	脚口宽	76	2.4	8	拉链长	21.5	1

（四）结构制图（图3-63）

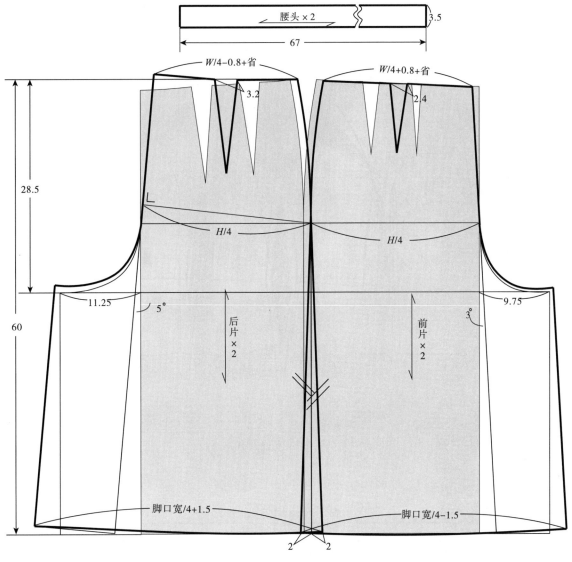

图3-63 结构制图

（五）技术要点

（1）复制半身裙原型。将半身裙原型侧缝向前片平移，前后片臀围成1/2分。侧缝下摆放出2cm。

（2）一般裤子直裆深取净臀围/4+4=26.5 cm，裙裤需比一般裤子直裆深再下落2cm以上才舒适。同时，前、后裆宽也需比一般裤子宽松，前裆宽为净臀围/8-1.5=9.75cm，后裆宽为净臀围/8=11.25cm。以臀围线与上裆线交叉点为不动点，将前、后裆打开，前裆打开3°，后裆打开5°（不宜过大）。这样裙裤穿着后臀部略贴体。

（3）在腰口侧缝装4#隐形尼龙拉链，方便穿脱裤子。

案例三十二　宽松裙裤

（一）款式（图3-64）

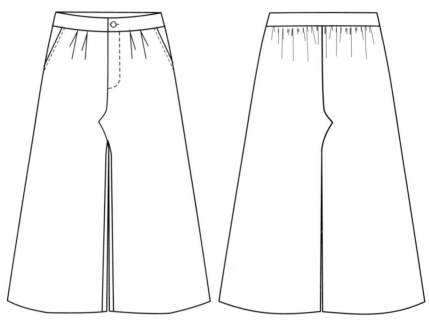

图3-64　款式平面图

款式说明：中腰，宽松型，长至小腿与脚踝之间。两侧做斜插袋，前腰头下收顺风裥，后腰头装弹力橡筋带收碎裥，宽松裤腿，脚口锁边暗缲边。前门襟装拉链。

（二）面辅料（表3-63）

表3-63　面辅料

类　型	使 用 部 位	材　料
面料	大身、腰头、袋垫布、门襟、里襟	雪纺
里料	袋布	涤纶里料
黏合衬	前腰头、门襟	30旦有纺衬
拉链	门襟	4$^{#}$尼龙拉链
橡筋带	后腰头	3.5cm宽弹力橡筋带

（三）规格设计（表3-64）

表3-64　规格表（160/66A）　　　　　　　　　单位：cm

序号	部位	规格	档差	序号	部位	规格	档差
1	裤长	87.5	1.5	7	前裆长（含腰）	39.5	1
2	腰围（W_1，松量）	68	4	8	后裆长（含腰）	46	1.5
3	腰围（W_2，拉量）	110	4	9	前门襟位宽	3.5	0.5
4	臀围	120	4	10	前袋（高/宽）	14/3.5	0.5
5	腿围	84	2.4	11	腰高	3.5	0
6	脚口围	96	2.4				

（四）结构制图（图3-65）

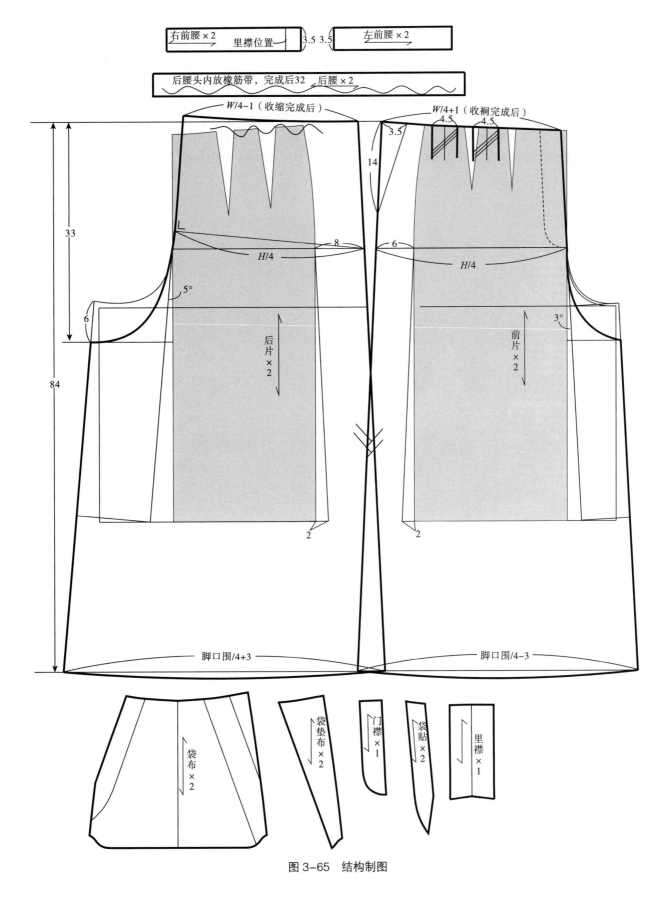

图 3-65 结构制图

（五）技术要点

（1）复制半身裙原型。将半身裙原型侧缝向前片平移，前后片臀围成 1/2 分。侧缝下摆放出 2cm。

（2）一般裤子上裆取净臀围 /4+4=26.5cm，裙裤需比一般裤子上裆再下落 2cm 以上才舒适（本例前、后裆深下落 6cm）。同时前、后裆弯宽也需比一般裤子宽松，裙裤前裆弯宽取净臀围 /8-1.5=9.75cm，后裆弯宽取净臀围 /8=11.25cm。以臀围线与上裆线交叉点为不动点，将前、后裆打开，前裆打开 3°，后裆打开 5°（不宜过大）。这样裙裤穿着后臀部略贴体，并且能减少后腰口的收皱量。

（3）将裤长做到所要求的尺寸。侧缝平行加放松量，前片设定收两个顺风褶，后裙腰头装弹力橡筋带收缩。注意收褶及弹力橡筋带收缩后，前后腰围需符合人体前后腰分配尺寸。

第四章　连衣裙结构制图实例

　　进行连衣裙制图时，要根据款式要求、面料特性与结构比例，首先制定连衣裙各主要部位的规格，然后在连衣裙原型上进行结构制图。先将裙长、整体围度进行加大或减小，依据人体的体型特点或款式风格，再在所需的位置作分割线，进行省道转移及衣片展开、合并。分别处理取出面料、里料、黏合衬纸样。

　　根据传统女装制图习惯，常规款制图时，以前、后右半身结构图来表达。本文中规格表内的尺寸为成衣尺寸，在实际制图时需根据面料的厚度、缝缩来加放适当的损耗。

案例一　抹胸式婚纱连衣裙

（一）款式（图 4-1）

　　款式说明：露肩、V 型领口低至胸上部，充分表现柔和的肩膀及修长的脖颈。上身贴体，下裙蓬松，裙长及地。后中开口装拉链至臀部，方便穿脱。表层为精致蕾丝，中间为有光缎料，里层为涤棉里料。在表层蕾丝上装饰水钻，尽显端庄大方、雍容华贵之感。

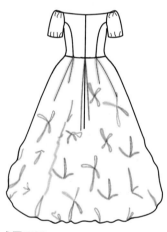

图 4-1　款式平面图

（二）面辅料（表 4-1）

表 4-1　面辅料

类　型	使用部位	材　料
表层	上身、下裙	蕾丝
中间层	上身、下裙	全涤缎料
里层	上身、下裙	涤棉里料
黏合衬	上身里料	30 旦有纺衬
拉链	后中	4# 尼龙拉链
风纪扣	后中	1# 风纪扣

（三）规格设计（表 4-2）

表 4-2　规格表（160/84A）　　　　　　　　　　　　单位：cm

序号	部位	规格	档差	序号	部位	规格	档差
1	后中长	138.5	3	6	袖长	18	0.5
2	胸围（B）	86	4	7	袖口围	24.5	1
3	腰围（W）	67	4	8	前领口长（沿边）	31	0.8
4	摆围	464	4	9	后领口长（沿边）	33	0.8
5	袖窿围	22	1.2	10	拉链长	42.5	1

（四）结构制图（图4-2）

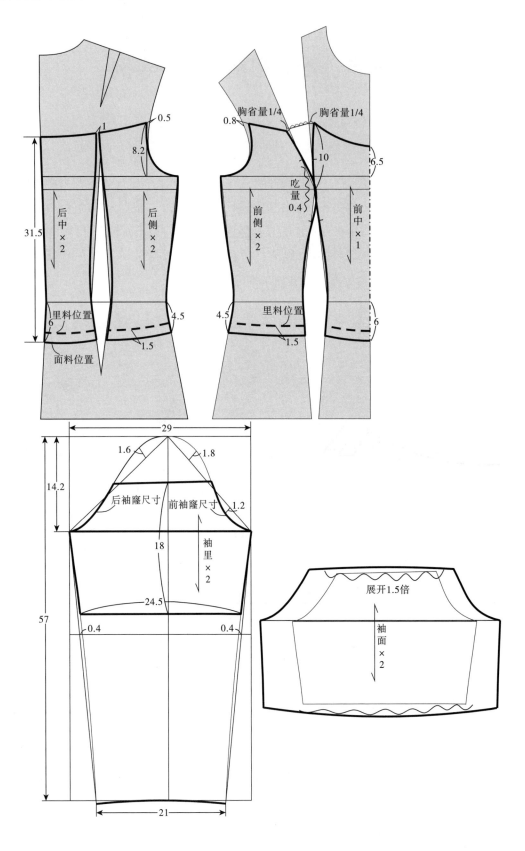

（四）结构制图（图4-2）

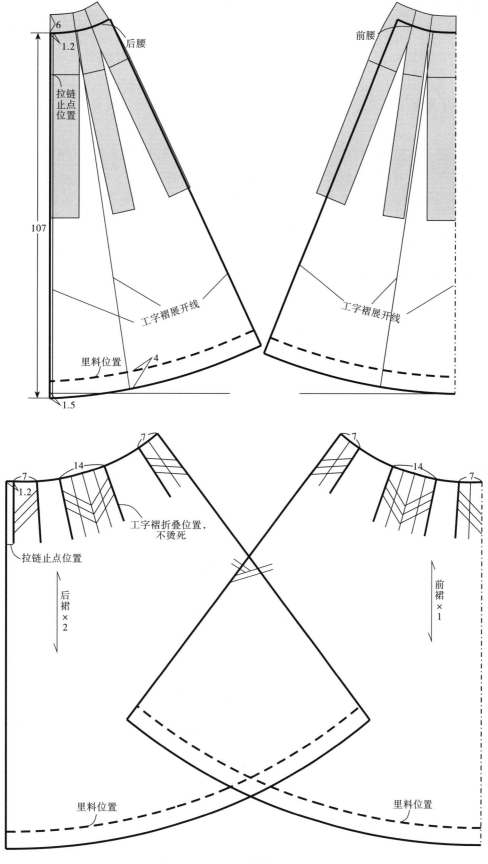

图 4-2 结构制图

（五）技术要点

（1）紧身贴体型礼服，在结构设计时，需增大胸省量。首先复制紧身型上衣原型，前公主缝领口增加 1/2 胸省量，使领口贴体，不易走光、滑落。腰围不加放松量，以较大的胸腰差来美化体型，突出女性曲线美。

（2）公主缝偏离胸高点的数值，与服装的合体程度有关。礼服类设定为 0，普通连衣裙设定为 1.5~2.5cm。

（3）制作时，在上衣里料上粘有纺衬，前后公主缝、侧缝处缉缝鱼骨，使上身挺括，饱满有形。

（4）腰部拼接处，上身里层比面层短 1.5cm，使面、里层的缝份错开、减小厚度，表层更平整。

（5）袖子、下裙在原型上进行分割，褶裥按所需量展开（本例腰口每个褶裥展开量为 14cm，下摆展开量为腰口的 2 倍）。

案例二　拖地鱼尾连衣裙

（一）款式（图 4-3）

款式说明：露肩、一字领低至平齐胸上部，充分体现出肩、颈、后背优美的体态。后领口装拉链，前胸公主缝分割到臀部位置，后背公主缝分割到下摆。胸、腰、臀到大腿为合体造型，勾勒出女性的曼妙曲线。下部从膝围线处开始展开呈鱼尾状，后身借助分割线使后身摆围展开，呈现出线条流畅的小拖尾效果。面料光洁亮丽，款式干净利落，高贵迷人，是晚会中的经典优雅着装。

图 4-3　款式平面图

（二）面辅料（表 4-3）

表 4-3　面辅料

类　型	使用部位	材　料
面料	裙身	亮光织锦缎
里料	裙身	涤棉里料
拉链	后中	4# 隐形尼龙拉链
风纪扣	后中	1# 风纪扣
定型衬条	前后领口、拉链位	0.6cm 宽有纺衬条

（三）规格设计（表 4-4）

表 4-4　规格表（160/84A）　　　　　　　　　　单位：cm

序号	部　位	规格	档差	序号	部　位	规格	档差
1	后中长（弧量）	150	3	5	摆围	242	4
2	胸围（B）	86	4	6	前领口长（沿边）	41	2
3	腰围（W）	67	4	7	后领口长（沿边）	40	2
4	臀围（H）	93	4	8	后中拉链长	35.5	1

（四）结构制图（图4-4）

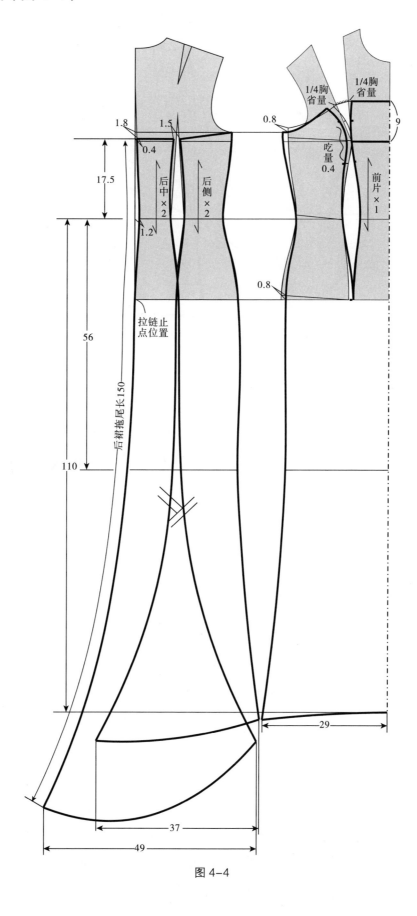

图4-4

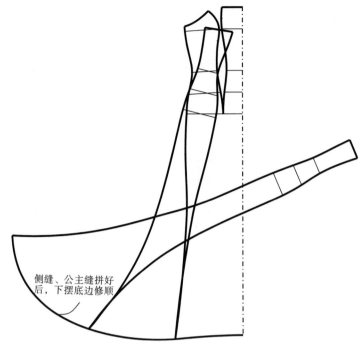

侧缝、公主缝拼好
后，下摆底边修顺

底边下摆修顺方法示意图

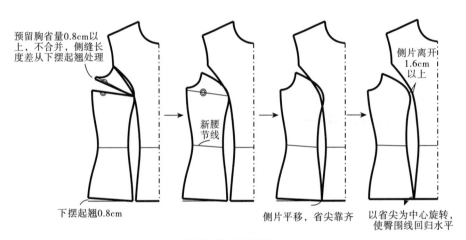

预留胸省量0.8cm以
上，不合并，侧缝长
度差从下摆起翘处理

侧片离开
1.6cm
以上

新腰
节线

下摆起翘0.8cm　　　　　　　侧片平移，省尖靠齐　　以省尖为中心旋转，
　　　　　　　　　　　　　　　　　　　　　　　　　使臀围线回归水平

胸省转移方法示意图

图4-4　结构制图

（五）技术要点

（1）先将胸省量弱化，在侧缝预留 0.8cm 胸省量，通过在前侧片臀围线处起翘 0.8cm 处理。

（2）由于前腰省收省量超过臀围线，在臀围线处将前侧片分离并前移，使前侧片与前中片在臀围处相连接。

（3）以前侧片公主缝臀围省尖不动，将前侧片旋转，使前侧片臀围线回归水平，此时胸高点前中片与前侧片离开 1.6cm 左右，作为拼合缝份。

（4）膝围尺寸约等于臀围尺寸，鱼尾裙的美不仅体现在腰臀的贴体设计，还表现在鱼尾裙所散开的位置、方式、形状。裙摆从膝围线处开始放摆，增加的摆量根据设计及面料的性质自由设定。

（5）将大身各拼块在摆围处拼接后，修顺摆围弧线，如果摆围线条难以调整圆顺，可通过大身拼缝的放摆量来调整。

案例三　围胸式连衣裙

（一）款式（图4-5）

图4-5　款式平面图

款式说明：上身为合体板型。胸口至袖臂位置为翻边状围胸，微露肩设计。前后肩部为轻薄透明雪纺拼接，尽显朦胧之感。前、后各两条公主缝，略放摆围。后中装隐形拉链，方便穿脱。雪纺面料垂顺舒适，细节精致，是都市女性的优雅着装。

（二）面辅料（表4-5）

表4-5　面辅料

类　型	使用部位	材　料
面料1	前后肩	30旦透明雪纺
面料2	围胸翻边、裙身	乱纹雪纺
里料	裙身	平纹雪纺
定型衬条	前后领口、袖窿、后中拉链位	0.6cm 宽有纺衬条
拉链	后中	3#隐形尼龙拉链
风纪扣	后中	1#风纪扣

（三）规格设计（表4-6）

表4-6　规格表（160/84A）　　　　　　　　　　　　　　　　单位：cm

序号	部位	规格	档差	序号	部位	规格	档差
1	后中长	82	2	7	摆围	162	4
2	胸围（B）	89	4	8	袖窿围	43.5	1.5
3	肩宽（S）	34	1	9	领围（N）	59	1.5
4	前胸宽（拼接位）	31	1	10	后中拉链长	47	1
5	后背宽（拼接位）	32.5	1	11	袖上口（袖臂位）	20	1
6	腰围（W）	74.5	4	12	翻边高	10	0

（四）结构制图（图4-6）

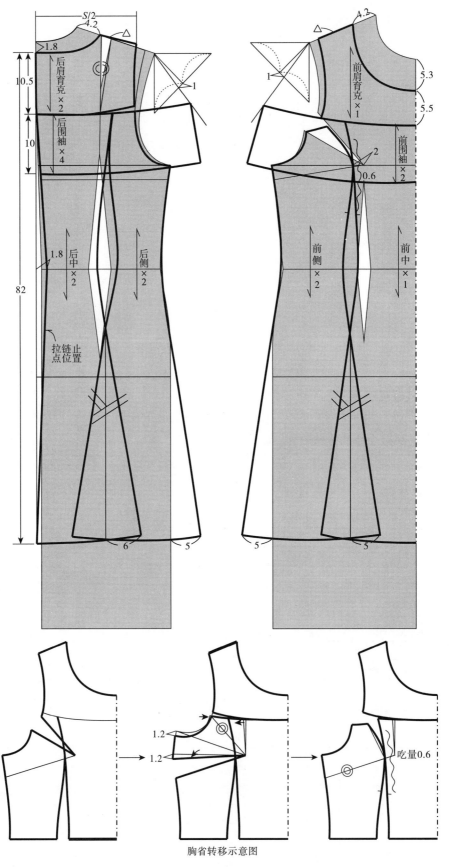

胸省转移示意图

图4-6　结构制图

（五）技术要点

（1）此裙款较合体，公主缝偏离胸高点2cm。

（2）胸省转移方法。先在前片作前育克、公主缝分割线。再将袖窿省转移到侧缝腋下，转移时留1.2cm省量在袖窿内（在育克缝内收掉），最后将腋下省合并，转移到公主缝。前中片胸高点上下6cm处有吃量0.6cm。

（3）在肩峰点处绘制10cm与10cm等边直角三角形，袖中线取对角线向下1cm连线。此位置穿着时能满足人体适当的活动量，并基本贴合人体袖臂。也可以采用将基础袖在肩峰点对合，再作分割片的方法（参见案例四）。

（4）将后肩省延长，将后肩省合并后转移至后育克缝处，使肩部贴体。

（5）前后公主缝、侧边略放摆，使款式呈X型。

案例四　一字领吊带裙

（一）款式（图4-7）

款式说明：插肩袖，一字领露出性感的锁骨，前后领口整圈装窄翻领，清新减龄。前后宽肩带，既实用又性感可爱。前中有装饰门襟，钉三粒纽扣。下裙中间收工字裥，后中装隐形拉链。腰部系蝴蝶结，增添活泼俏皮感，适合年轻美丽的女孩穿着。

图4-7　款式平面图

（二）面辅料（表4-7）

表4-7　面辅料

类　型	使 用 部 位	材　料
面料	大身	色织条纹全棉布
黏合衬	门襟贴、袖克夫、领	30旦有纺衬
拉链	后中	3#隐形尼龙拉链
纽扣	门襟	18L树脂四眼扣

（三）规格设计（表4-8）

表4-8　规格表（160/84A）　　　　　　　　　　　　　　　　单位：cm

序号	部位	规格	档差	序号	部位	规格	档差
1	后中长	80.5	2	7	袖长	17.5	0.5
2	胸围（B）	89	4	8	袖口围	29	1.5
3	腰围（W）	74	4	9	肩带长	19.5	0.8
4	摆围	232	4	10	腰带（长/宽）	160/4.5	4/0
5	袖窿围	29.5	1.2	11	后中拉链长	43	1
6	领围（N）	95	2.5	12	领高	7.5	0

（四）结构制图（图4-8）

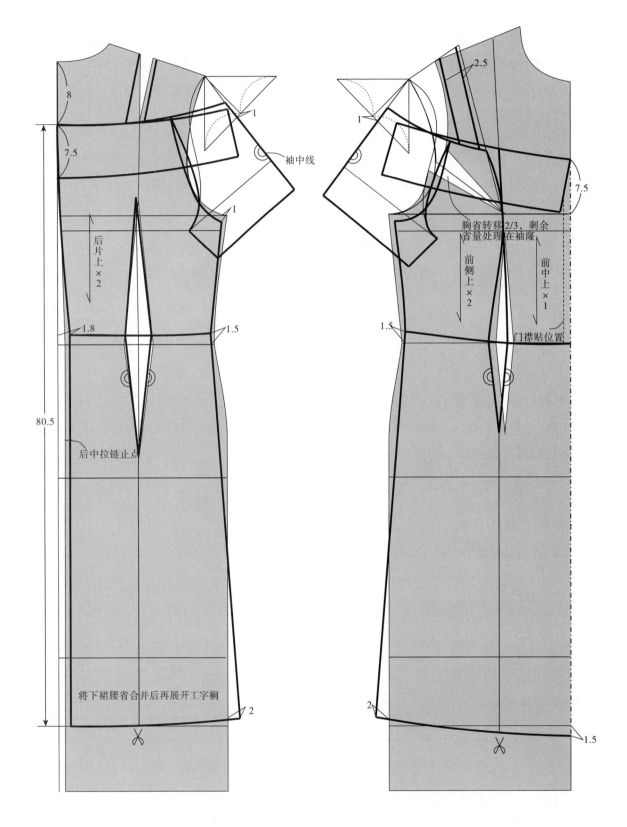

8

7.5

1

袖中线

1

后片上×2

1.8   1.5

80.5

后中拉链止点

2.5

1

7.5

胸省转移2/3，剩余
省量处理在袖隆

前侧上×2   前中上×1

1.5   门襟贴位置

1.5

将下裙腰省合并后再展开工字裥

2   2   1.5

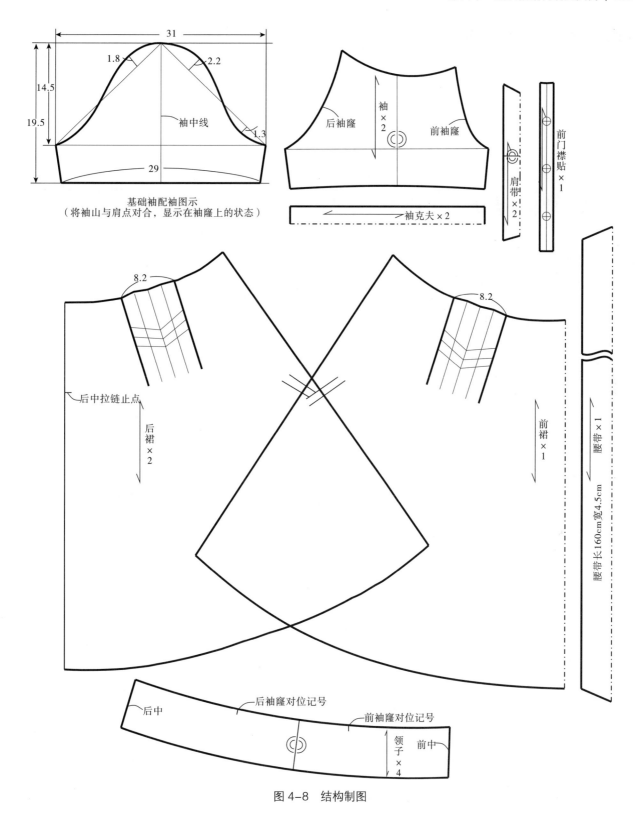

基础袖配袖图示
（将袖山与肩点对合，显示在袖窿上的状态）

图4-8 结构制图

（五）技术要点

（1）胸省量按款式所需合体程度转移到公主缝处。此裙款为插肩袖，整体板型略偏宽松，预留1/3胸省量作为袖窿松量。

（2）先制作基础袖子，将前后袖从袖中线分离出来。分别以肩峰点为对合点，在肩峰点处绘制10cm

与10cm等边直角三角形，袖中线取对角线向下1cm连线。按插肩袖方法，作袖窿弧线。

（3）按款式设计要求确定前后领口高低位置，作领口弧线。

（4）下裙将腰省合并后，下摆打开。再按所需的裥量，展开工字裥。

（5）一般腰节如果断开，前腰要比后腰低1~1.5cm。这样前、后腰节线较水平，前身不起吊。在制作年轻化的连衣裙时，腰节线可以上移2cm左右，更能表现女性的柔美、活力，并拉长了人体的下肢比例。

案例五　收腰公主裙

（一）款式（图4-9）

款式说明：圆领、贝壳袖，前后公主缝，修身合体板型。高腰设计，拉长下身比例。前裙两侧各收3个顺风裥，后裙两侧各收1个工字裥，摆围打开，突显苗条身材。腰两侧钉线襻穿皮质小腰带，精致优雅。右侧装隐形拉链，穿脱方便。面料采用半透半露欧根纱，突显成熟女性的魅力；涤棉里料，既遮掩人体，又透气舒适。款式简洁大方，干练中不失妩媚，是都市白领的经典着装。

图4-9　款式平面图

（二）面辅料（表4-9）

表4-9　面辅料

类　型	使用部位	材　料
面料	裙面	条纹欧根纱
里料	裙里	涤棉里料
定型衬条	领口、袖窿	0.6cm宽有纺衬条
拉链	右侧缝	3#隐形尼龙拉链

（三）规格设计（表4-10）

表4-10　规格表（160/84A）　　　　　　　　　单位：cm

序号	部位	规格	档差	序号	部位	规格	档差
1	后中长	80	2	7	袖长	8	0.3
2	肩宽（S）	38	1	8	袖口宽	19	0.8
3	胸围（B）	88	4	9	袖窿围	41	1.5
4	腰围（W）	73	4	10	领围（N）	60	1.5
5	摆围（面）	185	4	11	右侧拉链长	32	1
6	摆围（里）	145	4				

（四）结构制图（图4-10）

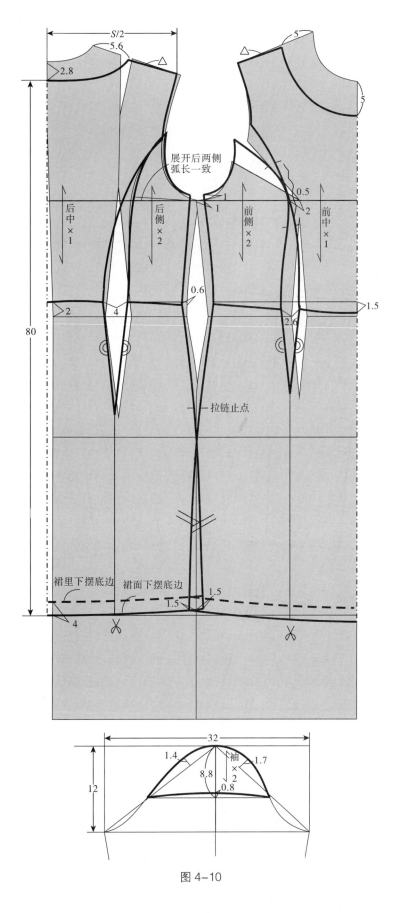

图4-10

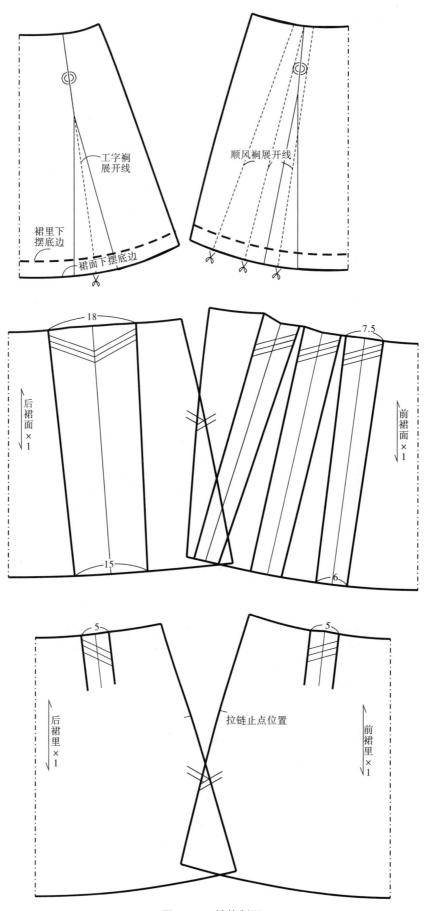

图 4-10　结构制图

（五）技术要点

（1）袖窿上抬1cm，避免走光。腰节线上抬2cm，使下肢显得修长。

（2）板型较合体，胸省量全部转移到公主缝处。大开领，后肩省要转移部分到后领口处，后领要比前领宽，否则肩线易走后。

（3）后公主缝分割的内外弧线不要太弧，尽量相互吻合，避免弧形不一致，产生起拱现象。由于外弧长大于内弧长，通过将后侧片在胸围线处切展开（处理方法参见图2-18），使两弧线长差值相等（面料较薄，拼缝时不要有吃量）。

（4）下裙将腰省合并后，裙面在与上身对应的腰省位置展开，前裙面两边各为3个顺风褶，后裙面两边各为1个工字褶。裙里前、后各1个活褶，平行展开5cm。制作时仅上端烫死8~10cm，其余褶长自然散开。

（5）在袖原型上取贝壳袖。

案例六　斜向分割公主裙

（一）款式（图4-11）

款式说明：船形领，适当外露锁骨，突显女性时尚魅力。无袖，简约干练。高腰设计，裙长至膝盖上10cm左右，很显腿型，有立体拔高效果。前、后上身斜向分割部分，增加动感，更显腰身。前、后下裙两侧各有两个暗工字褶，下裙呈A字型，尽显青春活力。

图4-11　款式平面图

（二）面辅料（表4-11）

表4-11　面辅料

类　型	使用部位	材　料
面料	裙面	全棉提花布
里料	裙里	100g/m² 纯涤针织布
定型衬条	领口、袖窿	0.6cm 宽有纺衬条
拉链	后中	3# 隐形尼龙拉链

（三）规格设计（表4-12）

表4-12　规格表（160/84A）　　　　　　　　　　　　单位：cm

序号	部位	规格	档差	序号	部位	规格	档差
1	后中长（面）	80	2	7	摆围（里）	148	4
2	后中长（里）	76	2	8	袖窿围	39	1.5
3	肩宽（S）	37.5	1	9	横开领	22	0.5
4	胸围（B）	86	4	10	前领深	8.5	0.3
5	腰围（W）	71	4	11	后中拉链长	47	1
6	摆围（面）	206	4				

（四）结构制图（图4-12）

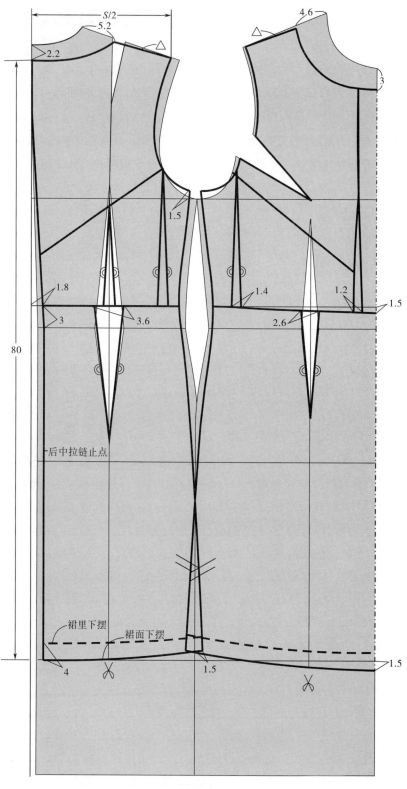

图4-12

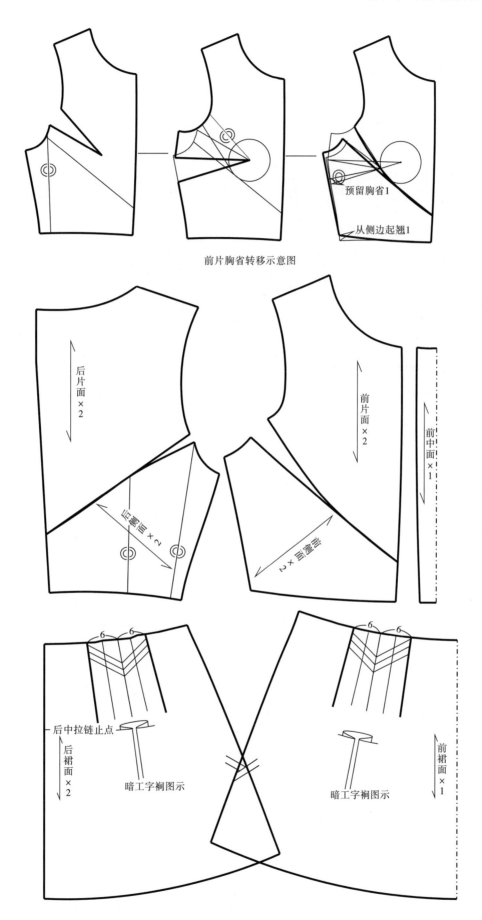

前片胸省转移示意图

预留胸省1

从侧边起翘1

后片面×2

前片面×2

前中面×1

后暗省×2

前暗省×2

后中拉链止点

后裙面×2

暗工字裥图示

暗工字裥图示

前裙面×1

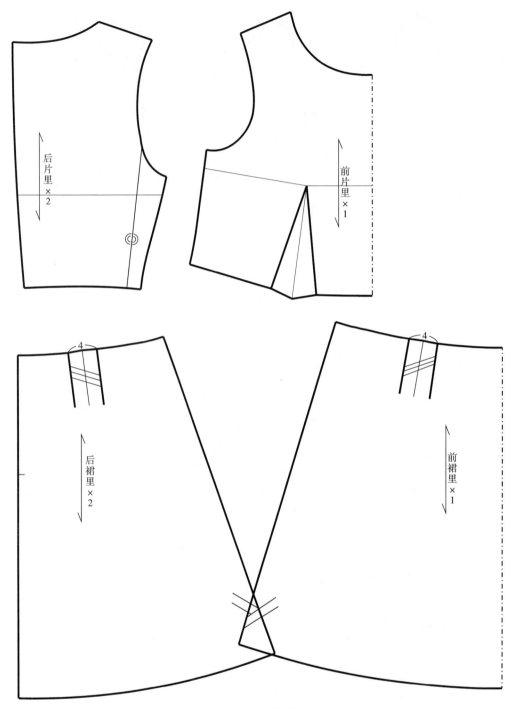

图4-12　结构制图

（五）技术要点

（1）袖窿深上抬1.5cm。无袖款，避免袖窿底走光外露内衣。

（2）腰省转移到前胸宽线、后背宽线、前中分割片位置处。将前胸宽线、后背宽线腰省合并，使上身贴体。

（3）前片面的胸省量预留1cm到侧缝，作腰节起翘量。以BP点为中心，作前胸斜向分割线。将剩余的胸省量转移到分割线处。

（4）后片面的腰省分散到后片中、后背宽线处，再将腰省合并。

（5）后片里是整块，面料为针织面料，直接在背宽线处合并腰省。前片里胸省转移到腰部，作腰省。

（6）下裙将腰省合并后，每侧平行展开暗工字裥 12cm 作为面料，平行展开活裥 4cm 作为里料。

案例七　吊带连衣裙

（一）款式（图 4-13）

图 4-13　款式平面图

款式说明：前领口较低呈 V 字型，后领口呈水平状略有弧形。细吊带，尽显肩颈优美线条。收腋下省，右侧袖窿下装隐形拉链。下摆拼接荷叶边，灵动俏皮。款式简洁大方，性感动人。

（二）面辅料（表 4-13）

表 4-13　面辅料

类　型	使 用 部 位	材　料
面料	大身	碎花雪纺
里料	大身	平纺雪纺
定型衬条	领口、袖窿	0.6cm 宽有纺衬条
拉链	右侧缝	3# 隐形尼龙拉链
调节环	肩带	直径 1cm 塑料调节环

（三）规格设计（表 4-14）

表 4-14　规格表（160/84A）　　　　　　　　　　　　　　　　　　　单位：cm

序号	部位	规格	档差	序号	部位	规格	档差
1	后中长	87	2	6	后袖窿长	16	0.8
2	胸围（B）	90	4	7	领宽	21	0.8
3	摆围（拼接处）	108	4	8	前领深	8	0
4	摆围（沿荷叶边）	162	4	9	肩带长	25	1
5	前袖窿长	14.5	0.8	10	右侧拉链长	26	1

（四）结构制图（图4-14）

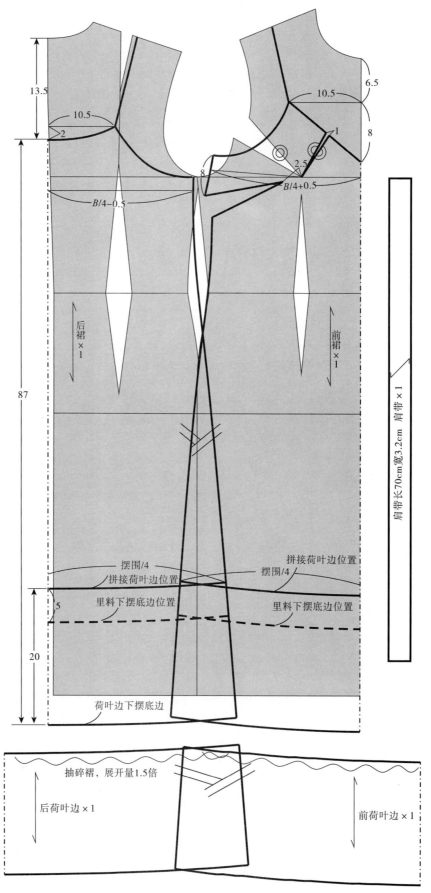

图4-14 结构制图

（五）技术要点

（1）前领口位置不要过低，否则容易走光。后领口可适当降低。

（2）因领口较低，前领口增加 1cm 胸省量。与袖窿省一起转移到腋下，作腋下省。

（3）摆围分割后平移，抽碎褶成荷叶边。也可直接裁成长方形，方便生产。

（4）裙里料可适当超过荷叶边拼接缝。

案例八　裹胸式吊带连衣裙

（一）款式（图 4-15）

款式说明：细吊带，前领口深 V 型、领口线呈外弧形，突显胸部线条。后领口呈 U 型，有性感美背效果。收腋下省，腰部采用分割拼接修身设计，勾勒出迷人腰型。下裙略放摆，此裙款搭配紧身打底衫，散发出优雅动人的成熟女性魅力。

图 4-15　款式平面图

（二）面辅料（表 4-15）

表 4-15　面辅料

类　型	使用部位	材　料
面料	大身	千鸟格棉布
里料	大身	290T 涤丝纺
定型衬条	前后领口、腰节拼块	0.6cm 宽有纺衬条
拉链	后领口	3# 隐形尼龙拉链

（三）规格设计（表 4-16）

表 4-16　规格表（160/84A）　　　　　　　　　　单位：cm

序号	部位	规格	档差	序号	部位	规格	档差
1	后中长	61	2	7	前领深	15	0.3
2	胸围（B）	84	4	8	后领宽	19	1
3	腰围（W）	74	4	9	后领深	13	0.3
4	摆围	154	4	10	肩带（长/宽）	31/1	1/0
5	袖窿围	29.5	1	11	后中拉链长	22	1
6	前领宽	16	1	12	腰节高	4.5	0

（四）结构制图（图4-16）

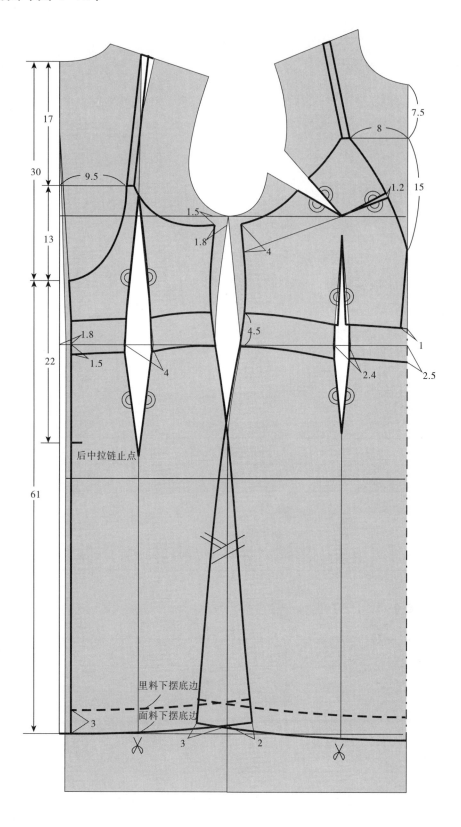

后中拉链止点

里料下摆底边

面料下摆底边

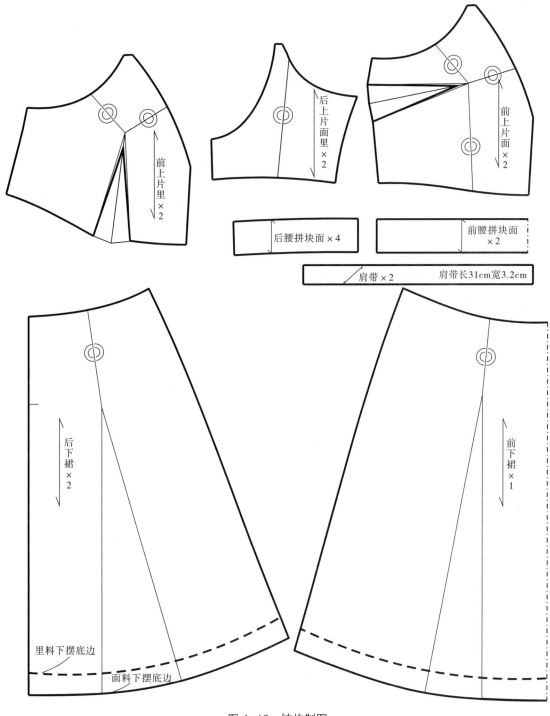

图 4-16 结构制图

（五）技术要点

（1）前领口位置略低，在前领口需增加 1.2cm 胸省量，使领口贴体。领口线向外凸出，显出胸部饱满。后领口呈 U 型，有美背效果。

（2）将前腰省转移 1cm 到前中缝，避免腰省合并后腋下省较大、起鼓包现象。

（3）面料的胸省、部分腰省转移到腋下，作腋下省。里料的胸省转移到腰部，作腰省。面料与里料的胸省位置错开，成衣表面平整、减小厚度。

（4）由于搭配打底衫穿着，袖窿降低。为使大身贴体，胸围减小。

（5）前腰比后腰拼块下落1cm，穿好后前、后腰节水平，不起吊。腰拼块合并后，呈长方形，板型较贴体。

（6）下裙纸样为腰省量合并，下摆打开。里料比面料短3cm，里料不外露。

案例九　收褶连衣裙

（一）款式（图4-17）

款式说明：大圆领，小荷叶边袖。前肩、腰部收碎褶，腰部穿腰带系蝴蝶结。选用手感舒适、垂感良好的人棉印花面料，甜美大方。

图4-17　款式平面图

（二）面辅料（表4-17）

表4-17　面辅料

类　型	使 用 部 位	材　料
面料	上身、下裙、腰拼块、腰带	黏纤府绸印花布
里料	下裙	100g/m² 纯涤针织布
定型衬条	领口、袖窿	0.6cm 宽有纺衬条
纽扣	暗门襟	18L 珠光四眼扣

（三）规格设计（表4-18）

表4-18　规格表（160/84A）　　　　　　　　　　单位：cm

序号	部位	规格	档差	序号	部位	规格	档差
1	后中长（面）	84	2	8	摆围（里）	132	4
2	后中长（里）	80	2	9	袖窿围	40	1.5
3	肩宽（S）	36	1	10	袖长	5	0
4	胸围（B）	92	4	11	袖口宽	41	1.5
5	腰围（W_1，松量）	66	4	12	领围（N）	53	1.5
6	腰围（W_2，拉量）	100	4	13	腰带（长/宽）	170/3.5	4/0
7	摆围（面）	194	4				

（四）结构制图（图 4-18）

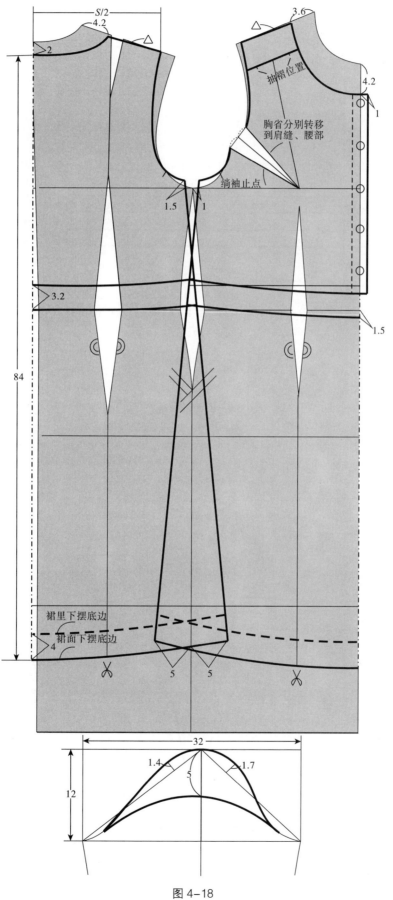

图 4-18

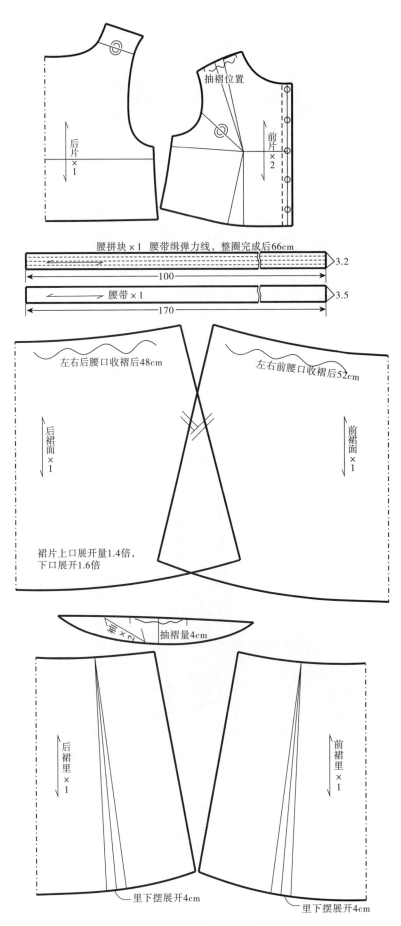

图 4-18　结构制图

（五）技术要点

（1）将胸省量二等分。分别转移到肩部、腰部处，作为抽褶量。

（2）腰部拼块直接作长方形，缉缝弹力线后，分别与上身、下裙拼接。

（3）下裙合并腰省后，按所需褶量平行展开。拼接腰拼块前，先将下裙抽褶，再上下片拼接。成品效果下裙抽褶量比上身多。

（4）前门襟如果做成假门襟，起装饰效果。领围规格需大于56cm，否则头套不进去。

案例十　弹力橡筋线收褶连衣裙

（一）款式（图4-19）

款式说明：领口拼块缉弹力线，既是大圆领，将领口拉开后也可当作一字领，穿出露肩效果。领口、腰部用多条弹力线收碎褶（又称"司马克"）。袖窿为插肩袖，甜美可爱的少女风格。

图4-19　款式平面图

（二）面辅料（表4-19）

表4-19　面辅料

类　型	使 用 部 位	材　料
面料	大身、袖	印花全棉平纹布
弹力线	领口、袖口、腰节	弹力橡筋带线

（三）规格设计（表4-20）

表4-20　规格表（160/84A）　　　　　　　　　　单位：cm

序号	部位	规格	档差	序号	部位	规格	档差
1	后中长	81	2	8	袖口宽（松量）	28.5	1.5
2	胸围（B，拉量）	104	4	9	袖口宽（拉量）	47	1.5
3	腰围（W_1，松量）	60	4	10	领围（N_1，松量）	82	2
4	腰围（W_2，拉量）	108	4	11	领围（N_2，拉量）	120	4
5	摆围	168	4	12	领高	2	0
6	袖窿围	39	1.5	13	袖口高	2	0
7	袖长	20.5	0.8	14	腰高	4	0

（四）结构制图（图4-20）

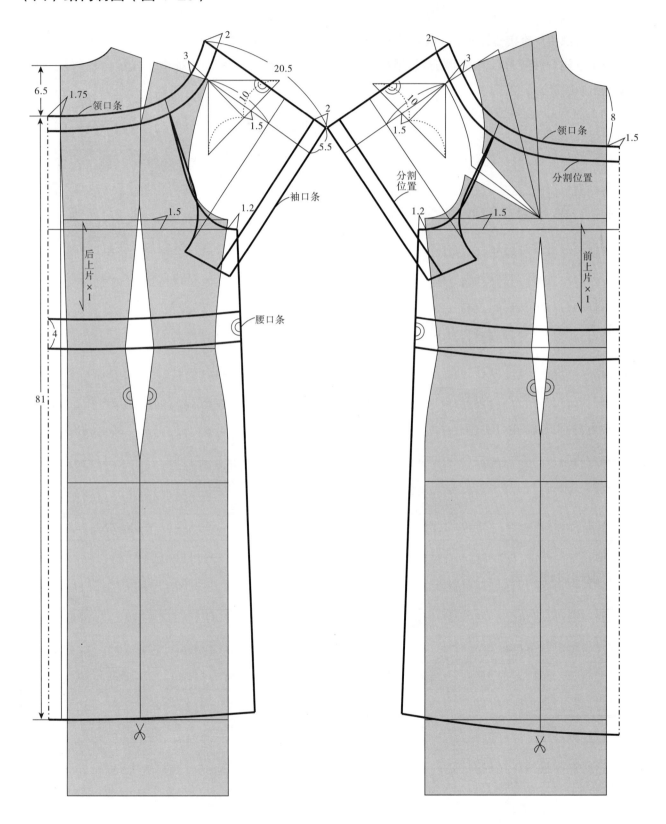

图4-20

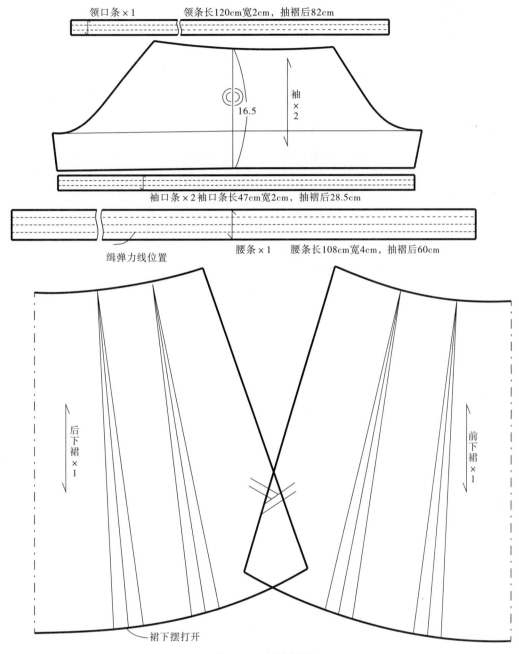

领口条×1　　　领条长120cm宽2cm，抽褶后82cm

袖×2

16.5

袖口条×2袖口条长47cm宽2cm，抽褶后28.5cm

缉弹力线位置　　　腰条×1　　腰条长108cm宽4cm，抽褶后60cm

后下裙×1

前下裙×1

裙下摆打开

图4-20　结构制图

（五）技术要点

（1）款式宽松，胸围从侧边、前后中分别加大，袖窿深下落1.5cm。

（2）胸省量分别转移到前领口、袖窿，作为橡筋带收褶量、活动松量。

（3）在肩峰点处绘制10cm与10cm等边直角三角形，袖中线取对角线向上1.5cm连线。也可以采用将基础袖在肩峰点对合（参见本章案例四），再作插肩弧线。

（4）袖中线平移5.5cm，增加领口、袖口的抽褶量。

（5）分离领口条、袖口条、腰口条，各自缉缝弹力线后再与上身、下裙拼接。为使抽褶效果柔和，这些拼块布纹线采用横纹。

（6）下裙将腰省合并后，再打开下摆所需的摆量。

案例十一 肚兜式背带裙

（一）款式（图4-21）

图4-21 款式平面图

款式说明：下裙呈直筒，上身有肚兜，领口略高于胸高点。后背交叉背带，与前领口用葫芦扣固定。腰两侧开门襟，分别锁扣眼、钉工字扣。选用经典斜纹牛仔布，布面平整，舒适透气，搭配棉质 T 恤穿着，年轻充满活力。

（二）面辅料（表4-21）

表4-21 面辅料

类 型	使 用 部 位	材 料
面料	大身、背带、前后贴袋、前袋贴	10.5 盎司全棉牛仔布
里料	袋布	涤棉里料
黏合衬	腰头面	50 旦有纺衬
工字扣	背带、侧开襟	26L 金属扣
日字扣	背带	内径 3cm
葫芦扣	背带	内径 3cm

（三）规格设计（表4-22）

表4-22 规格表（160/66A）　　　　　　　　　　　　　　　　单位：cm

序号	部位	规格	档差	序号	部位	规格	档差
1	后中长	42	1	6	前胸片高	25	0.5
2	腰围（W）	76	4	7	腰头宽	3.5	0
3	臀围（H）	93	4	8	背带长	77	2
4	摆围	93	4	9	背带宽	2.8	0
5	前胸片上宽	20	0.5	10	侧开襟长	12	0.5

（四）结构制图（图 4-22）

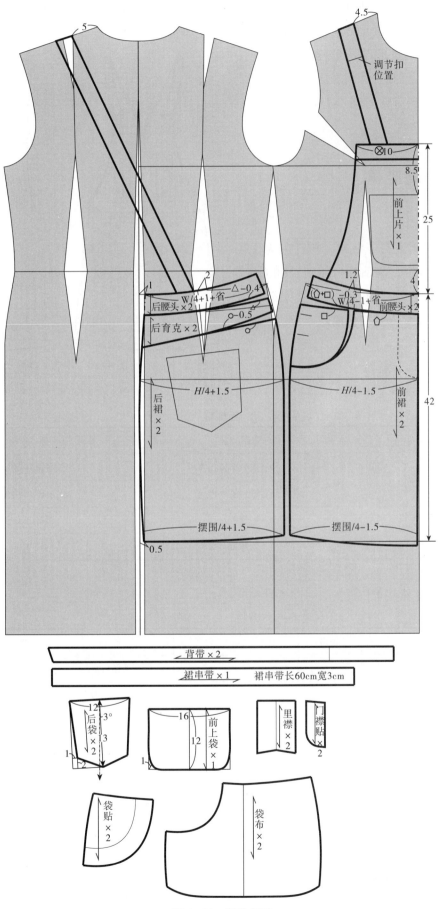

图 4-22　结构制图

（五）技术要点

（1）将前、后腰省分别转移到腰头、后育克、前袋口处。注意控制腰头、后育克的弧度，弧度大难以生产且平铺外观不美观（处理方法参见图2-20）。

（2）前裙窄、后裙宽的结构设计。侧缝走前，搭配明缉线，使这款裙子显得休闲、活力。

（3）肚兜的前领口宜在胸高点上方，不要低于胸高点。

案例十二　工装背带裙

（一）款式（图4-23）

款式说明：背带式直身工装裙，领口在胸高点偏上。后领口拼接背带，与前领口用葫芦扣固定。裙两侧开襟，分别锁扣眼、钉工字扣。肚兜有大贴袋，增强装饰效果。工装风格，简单有型，休闲、随意，文艺范十足。

图4-23　款式平面图

（二）面辅料（表4-23）

表4-23　面辅料

类　型	使用部位	材　料
面料	大身、前后贴袋、背带	10.5盎司全棉牛仔布
工字扣	背带、侧开襟	26L工字扣
日字扣	背带	内径3.3cm
葫芦扣	背带	内径3.3cm

（三）规格设计（表4-24）

表4-24　规格表（160/66A）　　　　　　　　　　　　单位：cm

序号	部位	规格	档差	序号	部位	规格	档差
1	侧边长	32	1	5	后领口宽	20	1
2	腰围（W）	90	4	6	肩带长（不含反折量）	57	1
3	摆围	99	4	7	肩带宽（前端）	2.8	0
4	前领口宽	22	1	8	侧开襟长	11	0

（四）结构制图（图4-24）

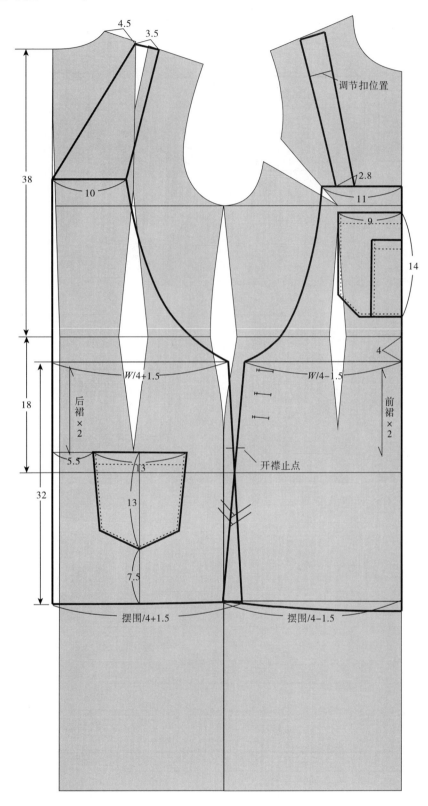

4.5

3.5

调节扣位置

38

10

2.8

11

9

14

W/4+1.5

4

W/4-1.5

18

后裙×2

前裙×2

5.5

13

开襟止点

13

32

7.5

摆围/4+1.5

摆围/4-1.5

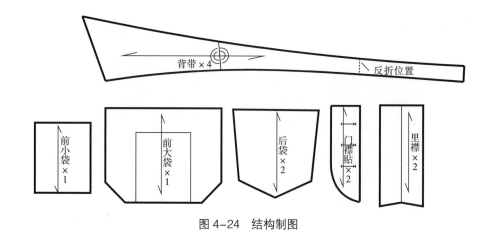

图 4-24　结构制图

（五）技术要点

（1）直身裙，前领口在胸高点上方。侧边开襟，方便穿脱。

（2）前裙片窄，后裙片宽，侧缝走前。裙子领口、袖窿、下摆处缉明线，使裙子显得休闲、活力。

案例十三　直身背心连衣裙

（一）款式（图 4-25）

款式说明：大 V 字领，无袖，直身背心款。腰节有拼块，位置偏低且富有设计感的前下贴袋。搭配高领打底衫，具有一种特别的复古风格，不落俗套。

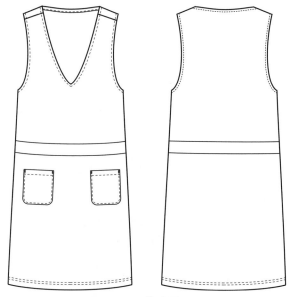

图 4-25　款式平面图

（二）面辅料（表 4-25）

表 4-25　面辅料

类　型	使 用 部 位	材　料
面料	大身	麂皮
里料	大身	春亚纺
拉链	右侧开口	4# 隐形尼龙拉链

（三）规格设计（表 4-26）

表 4-26　规格表（160/84A）　　　　　　　　　　　　　单位：cm

序号	部位	规格	档差	序号	部位	规格	档差
1	后中长	82	2	8	前领宽	17	0.6
2	肩宽（S）	36	1	9	前领深	18.5	0.3
3	胸围（B）	88	4	10	右侧拉链长	28	1
4	腰围（W）	92	4	11	腰宽	4	0
5	臀围（H）	95	4	12	下袋宽	13	0.25
6	摆围	99	4	13	下袋高	14	0.25
7	袖窿围	47	1.5				

（四）结构制图（图 4-26）

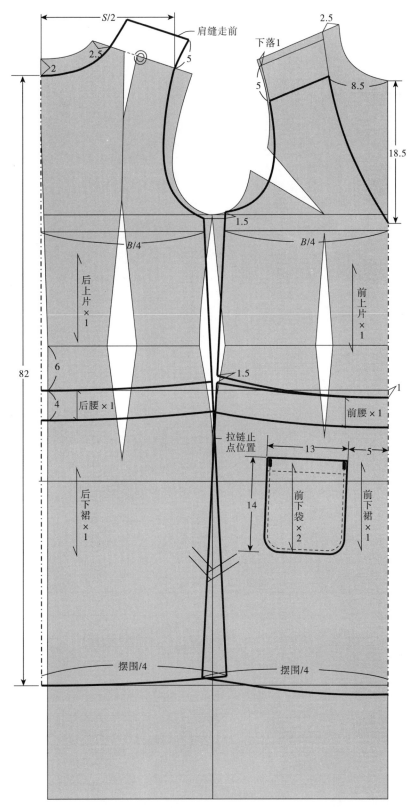

图 4-26　结构制图

（五）技术要点

（1）宽松板型不贴体，前衣长下落1cm。胸省转移1.5cm到腰节起翘，其余省量在袖窿作松量。生产过程中在前领口、袖窿粘贴定型衬条，将衣片归拢，避免领口、袖窿豁开、变形。

（2）前肩分割5cm与后肩拼接，形成肩缝走前的效果。

案例十四　A型背心连衣裙

（一）款式（图4-27）

图4-27　款式平面图

款式说明：圆领、无袖，摆围展开成大A字型。轻盈飘逸的裙摆，别有一番浪漫优雅的风情，是女性旅游度假、日常家居穿着的佳品。

（二）面辅料（表4-27）

表4-27　面辅料

类　　型	使 用 部 位	材　　料
面料	大身、领口、袖窿包条	雪纺
定型衬条	领口、袖窿	0.5cm宽有纺衬
拉链	后中	3#隐形尼龙拉链

（三）规格设计（表4-28）

表4-28　规格表（160/84A）　　　　　　　　　　单位：cm

序号	部位	规格	档差	序号	部位	规格	档差
1	后中长	86	2	5	袖窿围	45	1.5
2	肩宽（S）	34.5	1	6	领围（N）	58.5	1.5
3	胸围（B）	105	4	7	后中拉链长	32	1
4	摆围	244	4				

（四）结构制图（图4-28）

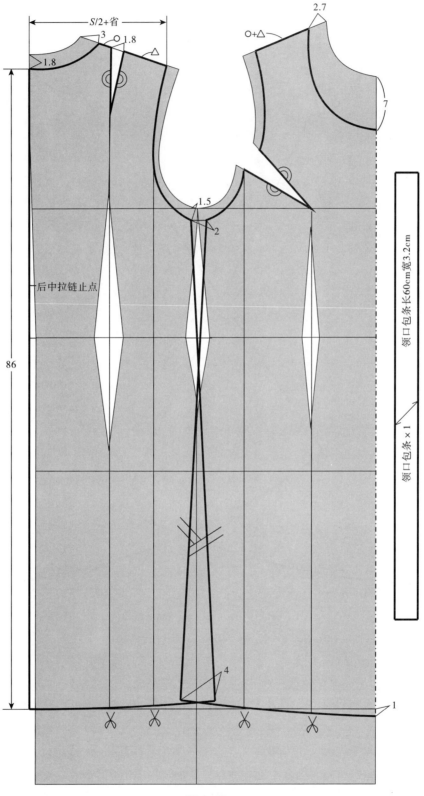

图4-28

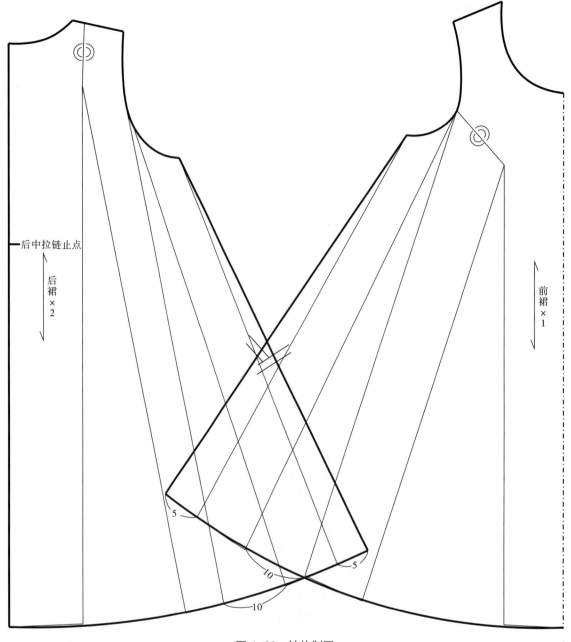

图 4-28 结构制图

（五）技术要点

（1）从后肩省、胸高点、胸背宽线位置到下摆底边作垂直线。

（2）将肩省、胸省量全部合并后打开下摆。下摆再在胸、背宽线位置展开 10cm，侧缝加出 5cm，使整体下摆波浪协调。

（3）如果领围达到人体头围尺寸（56cm）以上，也可以不装拉链。

（4）袖窿深的高低，按所需的场合而定。如外穿，袖窿深需上抬 1.5cm 左右，以避免走光。

案例十五　落肩卫衣连衣裙

（一）款式（图4-29）

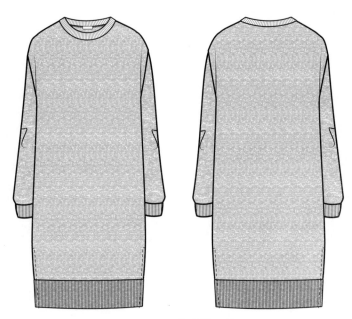

图4-29　款式平面图

款式说明：圆领，领口、袖口、下摆拼接罗纹边，两侧下摆开衩，性感动人。大落肩，宽松直身板型，衣长至膝上5cm左右，不挑身材，包容性强，是玩下半身失踪的首选单品。选用针织卫衣面料制作，软糯亲肤，搭配字母印花，时尚感突出。

（二）面辅料（表4-29）

表4-29　面辅料

类　型	使用部位	材　料
面料	大身	310g/m² 针织卫衣布
罗纹	领口、袖口、下摆	420 g/m² 2×2 氨纶罗纹

（三）规格设计（表4-30）

表4-30　规格表（160/84A）　　　　　　　　　　　　　　　单位：cm

序号	部位	规格	档差	序号	部位	规格	档差
1	后中长	88	2	9	袖口围（拼接处）	24	1
2	肩宽（S）	56	2	10	袖口围（罗纹）	18	1
3	胸围（B）	108	4	11	领宽（领缝份至领缝份）	20	0.5
4	摆围（拼接处）	100	4	12	前领深（前肩顶至前领中缝份）	9.5	0.3
5	摆围（罗纹）	89	4	13	领口罗纹高	2.5	0
6	袖窿围	41	2	14	袖口罗纹高	5.5	0
7	袖长	47.5	0.7	15	下摆罗纹高	8	0
8	袖宽（袖肥）	37.5	1.5	16	下摆开衩长	16	0

（四）结构制图（图4-30）

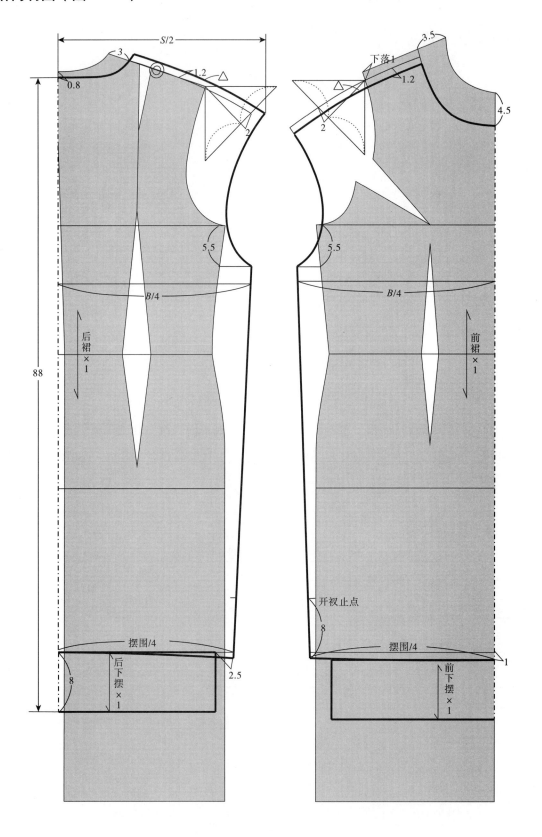

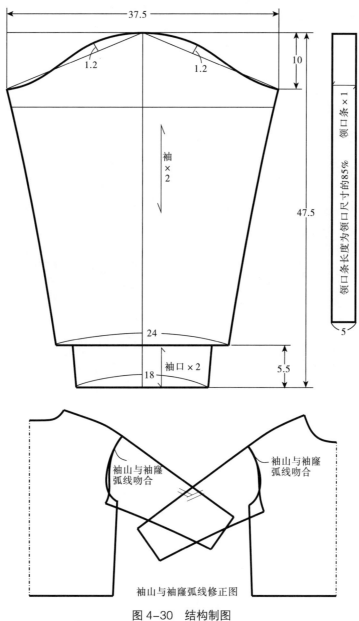

图 4-30 结构制图

（五）技术要点

（1）宽松无胸省结构设计，前肩线下落 1cm，以减少前袖窿松量。通过前下摆起翘 1cm，达到前后身平衡。

（2）在肩峰点处绘制 10cm 与 10cm 等边直角三角形，前袖中线取对角线向上 2cm 连线，与原型肩线连接成弧线，为落肩袖的肩线。针织服装肩线宜走前，前、后肩线互借 1.2cm，方便熨烫、包装。

（3）宽松落肩板型，袖窿深宜大，向下落 5.5cm 与肩点作袖窿弧线。

（4）落肩袖的袖窿缝份需倒向大身。袖山头不可有吃量，袖窿弧线宜比袖山弧线大 1~1.5cm。袖子制图后，将袖山头在袖窿上拼合修正，袖山弧线与袖窿弧线上部分尽量吻合，这样缝好袖子后，袖山头平整、不起拱。

案例十六　连身袖连衣裙

（一）款式（图 4-31）

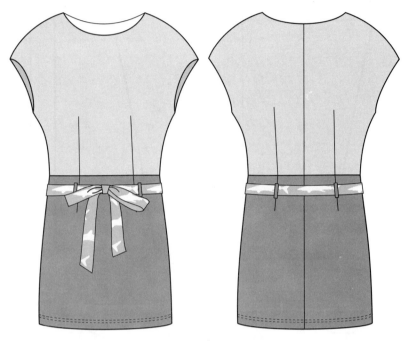

图 4-31　款式平面图

款式说明：前后大开领，连肩袖（大身出袖），前后腰收省，两侧缝钉线襻穿腰带打蝴蝶结。上半身宽松，舒适洒脱。下裙合体，凸显身材。整体呈 T 字型，款式简洁、干练。

（二）面辅料（表 4-31）

表 4-31　面辅料

类　型	使 用 部 位	材　料
面料 1	上身	165g/m² 提花平纹针织布
面料 2	下裙	涤弹乱纹
面料 3	腰带	全涤雪纺
拉链	右侧开口	3# 隐形尼龙拉链

（三）规格设计（表 4-32）

表 4-32　规格表（160/84A）　　　　　　　　　　　　　　单位：cm

序号	部位	规格	档差	序号	部位	规格	档差
1	后中长	78	2	6	袖口围	46	1.5
2	胸围（B）	92	4	7	袖长	22	0.8
3	腰围（W）	73	4	8	领围（N）	61	1.5
4	臀围（H）	90	4	9	腰带（长/宽）	180/4.5	4/0
5	摆围	88	4	10	拉链长	29	1

（四）结构制图（图4-32）

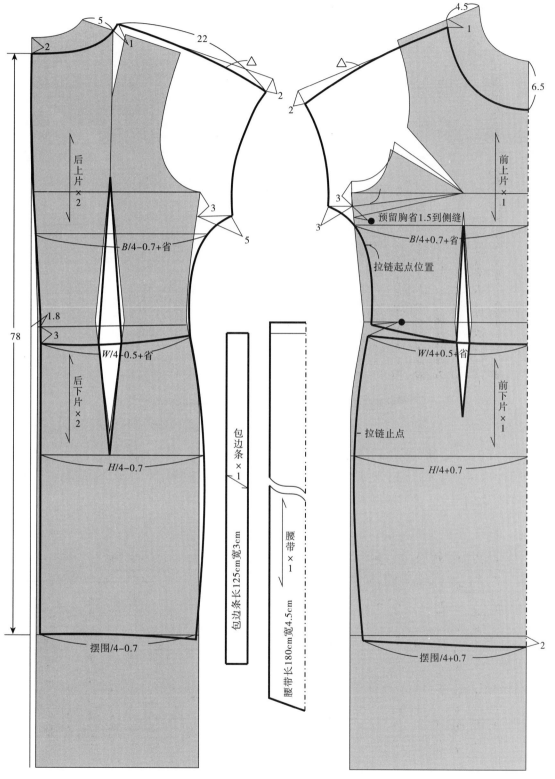

图 4-32　结构制图

（五）技术要点

（1）前、后肩线前移1cm，肩线走前。

（2）袖子从肩线延长出去后，在袖口处下降2cm。肩缝略呈弧形，使袖口不外翘。

（3）胸省量可适当转移到侧缝，通过腰节起翘来达到前后平衡。

案例十七　针织休闲连衣裙

（一）款式（图4-33）

图4-33　款式平面图

款式说明：圆领、短袖，略有收腰效果。袖口、下摆面双线绲缝，采用针织服装缝制工艺。选用棉氨纶针织面料，柔软亲肤，透气吸湿。款式简洁、舒适，适穿性广。

（二）面辅料（表4-33）

表4-33　面辅料

类　型	使 用 部 位	材　料
面料	大身、袖	170g/m² 棉氨纶针织布
弹力带	肩缝	0.5cm 宽透明弹力带

（三）规格设计（表4-34）

表4-34　规格表（160/84A）　　　　　　　　单位：cm

序号	部位	规格	档差	序号	部位	规格	档差
1	后中长	82	2	7	袖长	13.5	0.5
2	肩宽（S）	36.5	1	8	袖口围	29.5	1.5
3	胸围（B）	88	4	9	领宽（领缝份至领缝份）	19.5	0.5
4	腰围（W）	84	4	10	前领深（肩顶至前领中缝份）	8	0.3
5	摆围	102	4	11	领口条宽	1.6	0
6	袖窿围	41	2				

（四）结构制图（图 4-34）

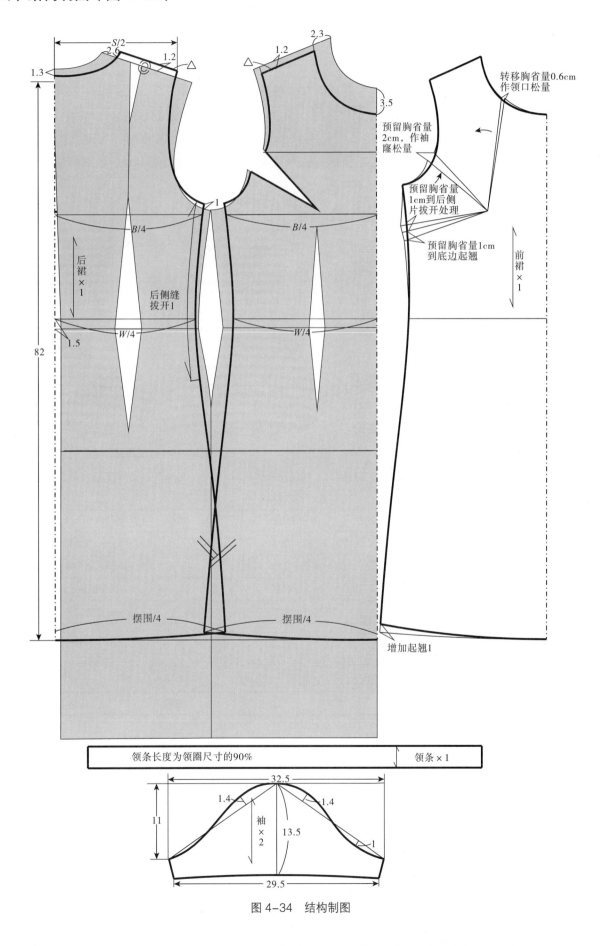

图 4-34　结构制图

（五）技术要点

（1）前、后肩线前移 1.2cm，肩线走前。袖窿深上抬 1cm，使袖窿合体。

（2）前、后片围度均分，方便熨烫、包装。

（3）胸省转移方法：

①将胸省转移 0.6cm 到前领口。绱罗纹领条时大身略有吃量，使前领宽缩小达到贴体效果。

②预留 2cm 胸省量在袖窿作松量。

③剩余的 2cm 胸省量转移到侧缝，前下摆起翘 1cm，后侧缝拔开 1cm 处理前、后侧缝差。通过后侧缝拔开，既解决了胸省转移后产生的前、后侧缝差，也解决了板型因合体而产生的后腰部多量的现象。

④如果胸省量全部通过下摆起翘处理，由于腰至肩部前长不够，会产生胸部起吊、侧缝垂直偏向前的现象。

（4）领围拉开尺寸不可小于头围（56cm）。

案例十八　针织收腰连衣裙

（一）款式（图 4-35）

款式说明：圆领、短袖，收腰大摆裙。领口采用装领，袖口、下摆绱双线针织工艺。款式突出收腰效果，充满青春活泼少女之美。

图 4-35　款式平面图

（二）面辅料（表 4-35）

表 4-35　面辅料

类　型	使用部位	材　料
面料 1	裙大身	170 g/m² 条纹针织布
面料 2	袖子、领条	170 g/m² 氨纶平纹布
织带	后领内缝	人字纹棉织带
弹力带	肩缝、腰节	0.5cm 宽透明弹力带

（三）规格设计（表 4-36）

表 4-36　规格表（160/84A）　　　　　　　　　　　　　　　　单位：cm

序号	部位	规格	档差	序号	部位	规格	档差
1	后中长	80	2	7	袖长	13.5	0.4
2	肩宽（S）	35	1	8	袖口围	29.5	1.5
3	胸围（B）	83	4	9	领宽（领缝份至领缝份）	22	0.5
4	腰围（W）	70	4	10	前领深（肩顶至前领中缝）	11.5	0.3
5	摆围	156	4	11	领口条宽	2	0
6	袖窿围	42	1.5				

（四）结构制图（图 4-36）

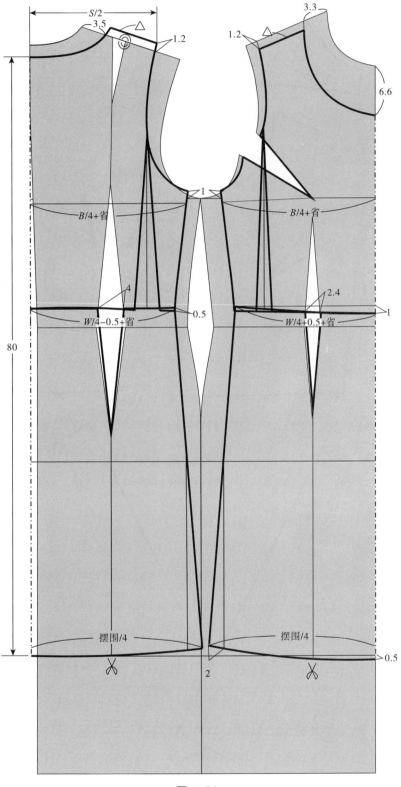

图 4-36

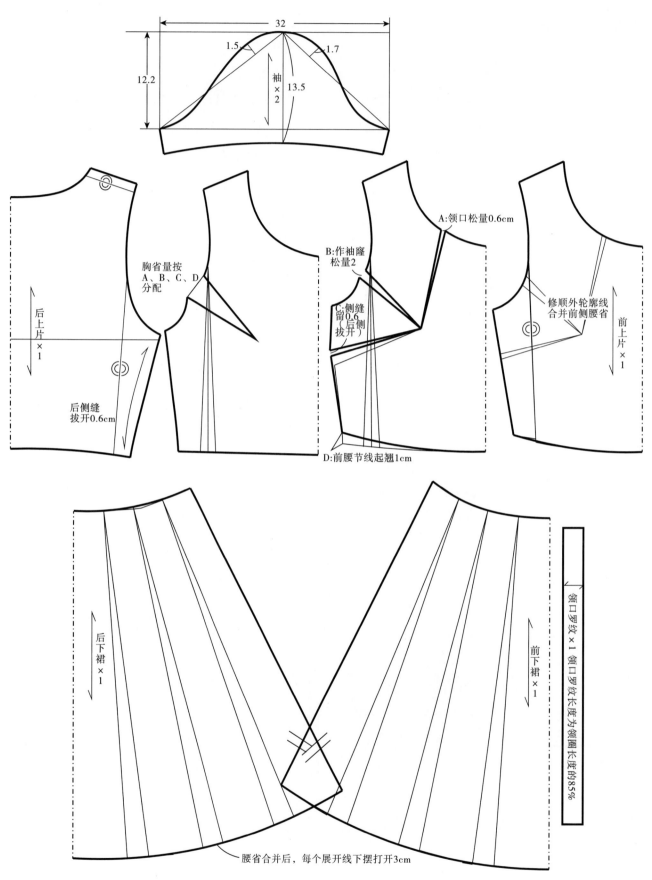

图 4-36　结构制图

（五）技术要点

（1）前、后肩线前移 1.2cm，肩线走前。袖窿深上抬 1cm，使袖窿合体。

（2）前、后大身围度均分，方便熨烫、包装。

（3）将胸省转移 0.6cm 到前领口，绱罗纹领条时大身略有吃量，达到领口贴体效果。预留 1.6cm 胸省量在袖窿，作松量。剩余的胸省量转移到侧缝，通过前下摆起翘 1cm，后侧缝拔开 0.6cm 处理前、后侧缝差。

（4）前、后上身腰省，在胸、背宽线位置合并处理，使上身贴体。

（5）下裙腰省合并后，再打开裙摆围，使下摆波浪达到设计要求。

案例十九　无领交叉式连衣裙

（一）款式（图 4-37）

款式说明：深 V 字领，时髦性感。左右交叉门襟，简约大气。前领口中间钉针固定以避免豁开。宽袖口翻边，舒适随意。右侧缝 D 字环穿飘带在侧边下垂，飘逸优雅。

图 4-37　款式平面图

（二）面辅料（表 4-37）

表 4-37　面辅料

类　型	使用部位	材　料
面料	上身、下裙、袖、腰拼块、腰带	印花雪纺
里料	下裙	平纹雪纺
黏合衬	腰拼块、袖克夫	30 旦有纺衬
定型衬条	后领口、前门襟边、袖窿	0.6cm 宽有纺衬条
D 字环	右腰带	3.5cm 宽
拉链	右侧缝	3# 隐形尼龙拉链

（三）规格设计（表 4-38）

表 4-38　规格表（160/84A）　　　　　　　　　　　　　　　单位：cm

序号	部位	规格	档差	序号	部位	规格	档差
1	后中长	94	2	8	袖窿围	44.5	1.8
2	肩宽（S）	38	1	9	袖长	18.5	0.5
3	前胸宽	33	1	10	袖口围	31.5	1.5
4	后背宽	35.5	1	11	领宽	19	0.5
5	胸围（B）	92	4	12	侧拉链长	32	1
6	腰围（W）	74	4	13	腰带（长/宽）	60/3.5	0
7	摆围	118	4				

（四）结构制图（图4-38）

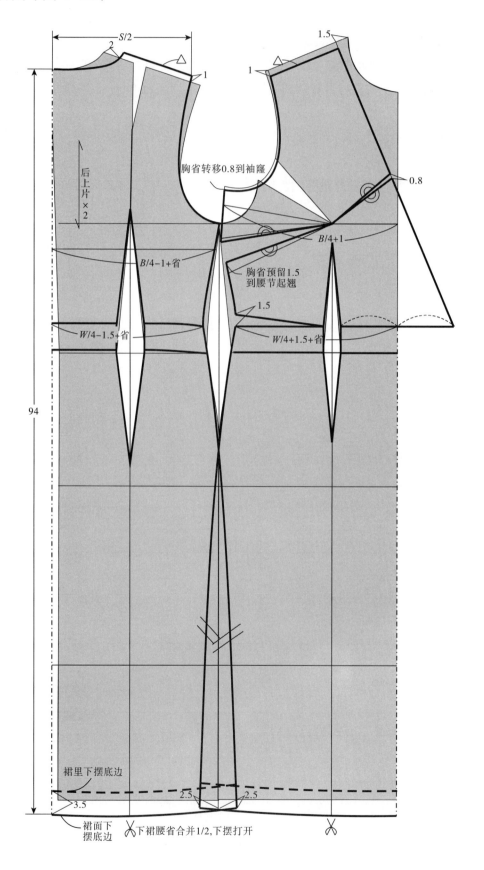

图4-38

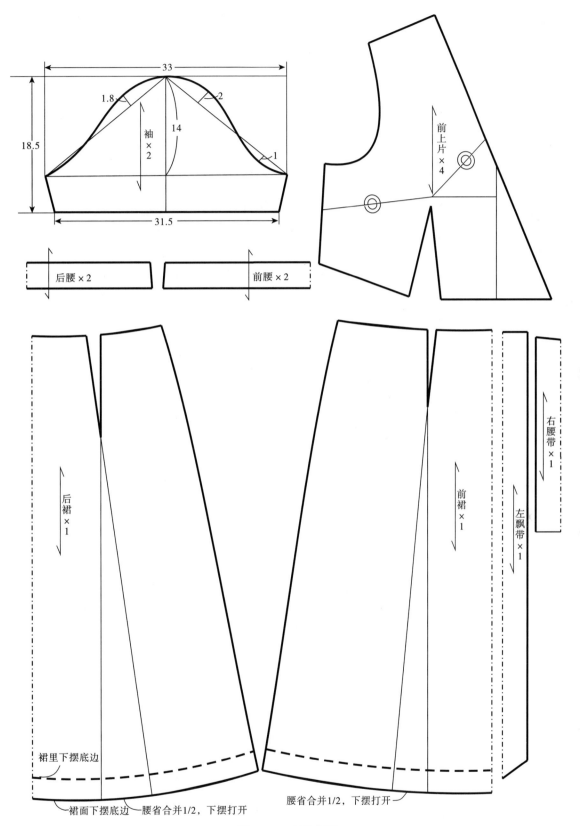

图 4-38　结构制图

（五）技术要点

（1）肩缝走前 1cm。胸省转移 0.8cm 到袖窿，通过袖窿深下落处理，增加袖窿松量。转移 1.5cm 到侧片腰节起翘，剩余胸省转移到腰部作腰省，避免腰省量过大省尖起包。

（2）V字领，领口较低，前领口位置增加胸省量0.8cm，使领口贴体，不豁开。

（3）下裙合并1/2腰省量后，摆围打开。剩余的腰省量收省。

（4）上身为双层面料，方便生产并防透。下裙使用裙里，节省成本。

案例二十　泡泡袖交叉式连衣裙

（一）款式（图4-39）

款式说明：都市白领衬衫式连衣裙，深V字领。交叉门襟，前领口交叉处钉两对揿纽固定门襟。泡泡袖口，袖口有两个顺风裥钉针固定，大气乖巧。腰部中间金属D字环设计，突显腰部曲线。下裙斜荷叶边的波浪设计，飘逸优雅。色织条纹面料，挺括素雅，甜美浪漫。

图4-39　款式平面图

（二）面辅料（表4-39）

表4-39　面辅料

类　型	使 用 部 位	材　料
面料	上身、下裙、袖、领	全棉条纹色织布
里料	前上身里、下裙里	涤棉布
色丁带	腰带	4cm 宽色丁带
黏合衬	领子、前门襟贴边	30 旦有纺衬
揿纽	前门襟	10L 子母扣
D字环	腰带	4cm 宽
拉链	右侧缝	3# 隐形尼龙拉链

（三）规格设计（表4-40）

表4-40　规格表（160/84A）　　　　　　　　　　　单位：cm

序号	部位	规格	档差	序号	部位	规格	档差
1	后中长	94	2	8	袖长	38	0.5
2	肩宽（S）	38.5	1	9	袖肥	36	1.5
3	胸围（B）	88	4	10	袖口围	24	1.2
4	腰围（W）	74	4	11	翻领/底领高	4.5/2.5	0
5	摆围	274	4	12	侧拉链长	32	1
6	袖窿围	44	1.8	13	腰带（长/宽）	134/3.5	4/0
7	领围（N）	33.5	0.6	14	袖口包边宽	0.6	0

（四）结构制图（图 4-40）

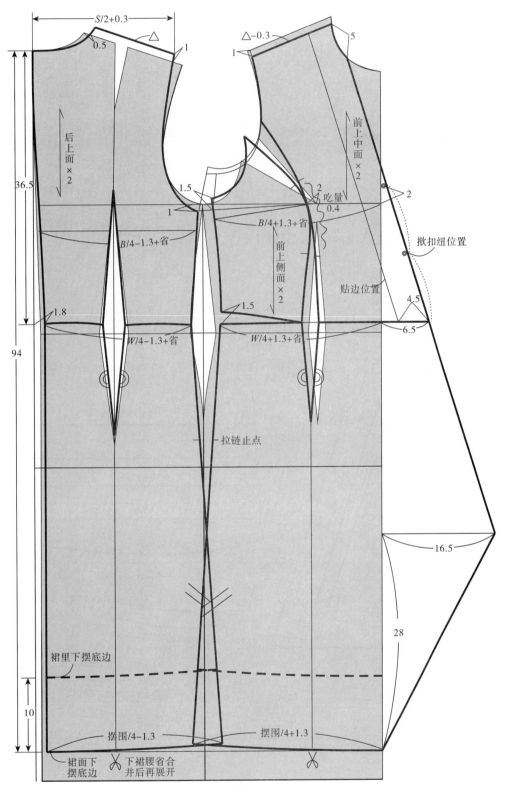

图 4-40

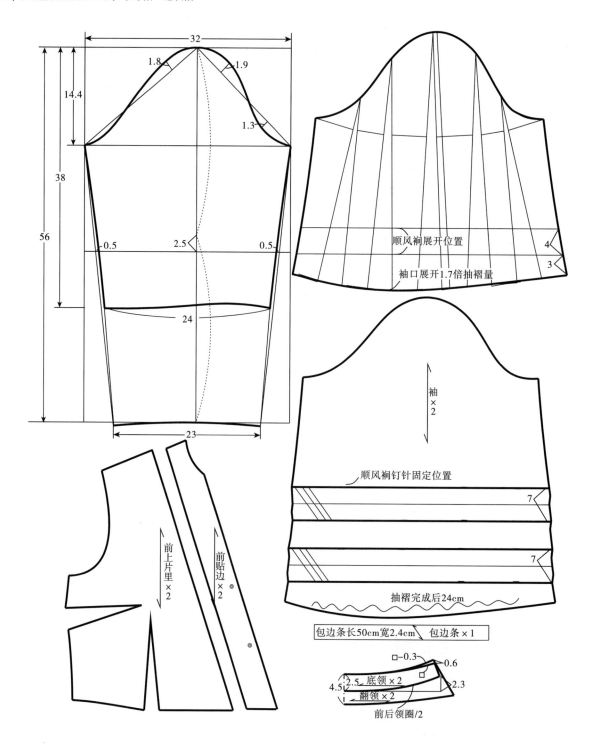

顺风裥展开位置

袖口展开1.7倍抽褶量

袖
×2

顺风裥钉针固定位置

抽褶完成后24cm

包边条长50cm宽2.4cm　包边条×1

前上片里×2

前贴边×2

底领×2

翻领×2

前后领圈/2

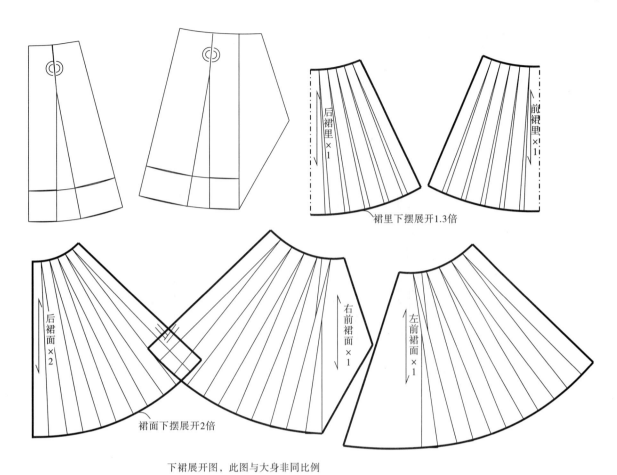

裙里下摆展开1.3倍

裙面下摆展开2倍

下裙展开图，此图与大身非同比例

图 4-40　结构制图

（五）技术要点

（1）肩缝走前 1cm。胸省预留 1.5cm 到腰节起翘，减少胸部贴体程度，满足前、后身平衡。

（2）前、后袖窿深下落 1cm，使袖窿略显宽松、舒适。

（3）下裙将腰省合并后，摆围展开。裙里摆围展开 1.3 倍，裙面摆围展开 2 倍。

（4）在袖原型上取袖长，将袖口展开 1.7 倍抽褶量。再将袖口处平移展开两条顺风裥，顺风裥为活裥，中间钉四个滴针固定。

（5）前上身为双层（后身为一层），方便生产并防透。下裙有裙里。

案例二十一　睡袍式连衣裙

（一）款式（图 4-41）

图 4-41　款式平面图

　　款式说明：V 字大开领，落肩七分袖，前下两大贴袋，腰两侧钉线襻穿腰带。板型宽松、舒适，是休闲度假、日常家居经典款式。

（二）面辅料（表 4-41）

表 4-41　面辅料

类　型	使 用 部 位	材　料
面料	大身	仿真丝印花色丁布
包边条	门襟边、袖克夫上口	0.3cm 宽全涤色丁带

（三）规格设计（表 4-42）

表 4-42　规格表（160/84A）　　　　　　　　　　　　单位：cm

序号	部位	规格	档差	序号	部位	规格	档差
1	后中长	105	2	6	袖长	29	0.6
2	肩宽（S）	60	2	7	袖口围	42	1.2
3	胸围（B）	134	4	8	领宽	16	0.5
4	摆围	140	4	9	腰带（长/宽）	180/7	4/0
5	袖隆围	57	2	10	下袋（宽/高）	15/16	0.5/0.5

（四）结构制图（图4-42）

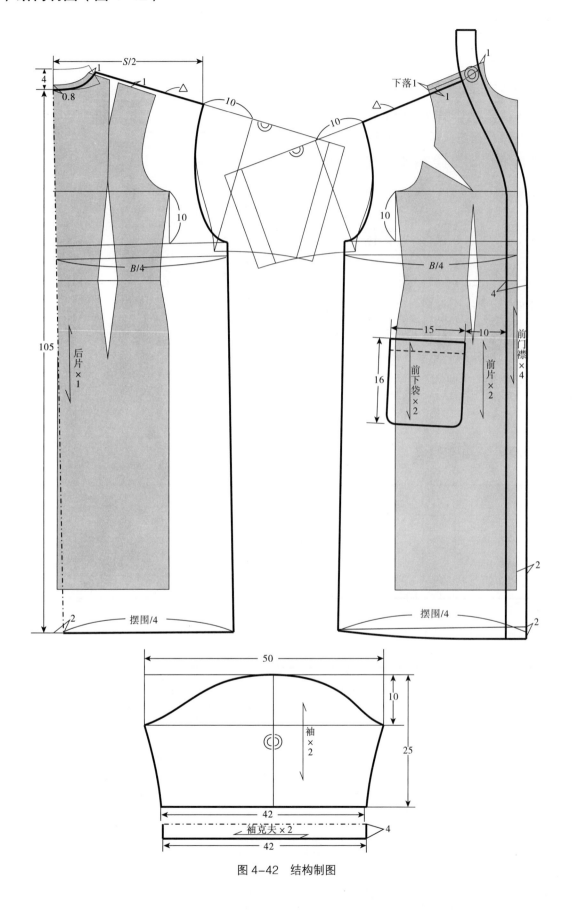

图4-42 结构制图

（五）技术要点

（1）前身下落 1cm，通过前摆围起翘，达到前后平衡。肩线宜走前，将前肩缝分割出 1cm，与后肩缝拼合，形成新的肩缝。

（2）为穿着舒适，袖窿深向下 10cm，作袖窿弧线。

（3）作肩线延长线，宽松袖取袖山高 10cm。袖山头在袖窿上配袖以后，复制出来将袖中合并。这样配的袖山弧线，成品后袖山头较平整、不起拱。

（4）后中线在摆围从后领的垂线进去 2cm，作连线（此为后中线）。这样穿着后中缝摆围不外翘，较贴体。

案例二十二　腰部收褶连衣裙

（一）款式（图 4-43）

款式说明：大身出袖较宽松，大圆领，前门襟装金属拉链，兼具装饰与实用功能。后腰采用弹力线收褶，前腰每侧各收两个顺风褶。两侧钉线襻穿腰带，腰带有 2 个大金属圆形环，尽显简约、大气、干练气质。

图 4-43　款式平面图

（二）面辅料（表 4-43）

表 4-43　面辅料

类　型	使 用 部 位	材　料
面料	大身	棉涤弹力布
拉链	前门襟	4# 金属拉链
黏合衬	前后领贴边、袖克夫	30 旦有纺衬
圆形环	腰带	直径 9cm

（三）规格设计（表 4-44）

表 4-44　规格表（160/84A）　　　　　　　　　　　　　　单位：cm

序号	部位	规格	档差	序号	部位	规格	档差
1	后中长	95	2	7	袖口围	35	1.5
2	胸围（B）	110	4	8	领围（N）	56	1.5
3	腰围（W_1，松量）	70	4	9	拉链长	22.5	1
4	腰围（W_2，拉量）	94	4	10	口袋（宽/高）	20.5/23	0.5
5	摆围	136	4	11	腰带（长/宽）	120/9	4/0
6	袖长	27	0.8	12	袖克夫宽	4	0

（四）结构制图（图 4-44）

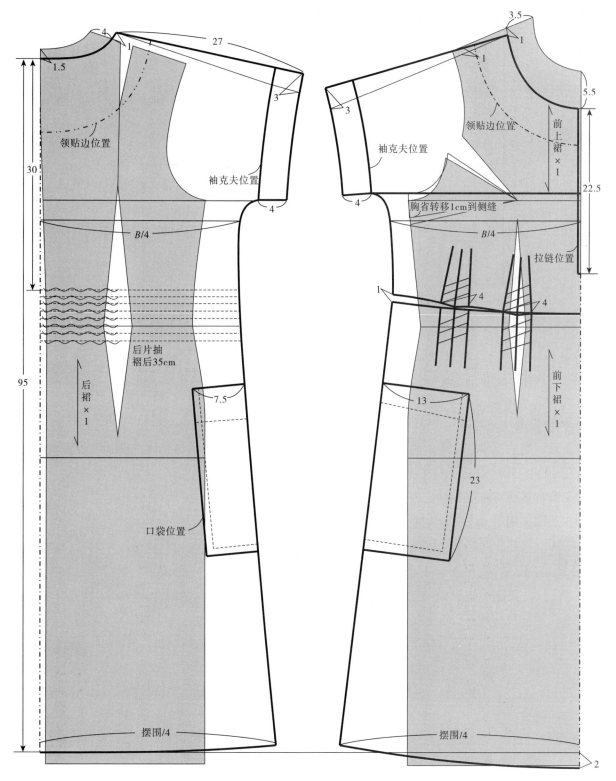

图 4-44

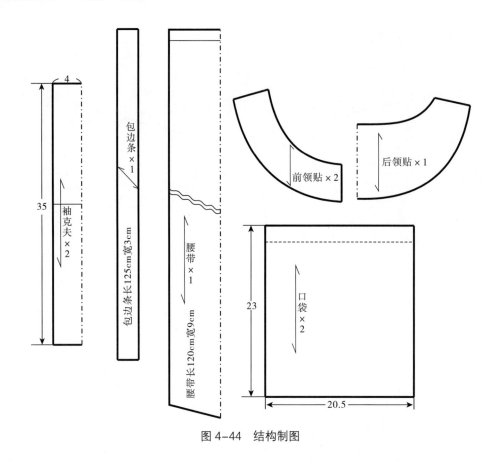

图 4-44　结构制图

（五）技术要点

（1）前、后肩互借，肩缝走前 1cm。宽松款收腰，结构设计需要减小肩斜，增加活动量。将原肩线延长，在袖口处上抬 3cm，使上抬胳膊时舒适。

（2）胸省转移 1cm 到侧缝，通过腰节起翘，达到前、后身平衡。

（3）后腰部用弹力线缉缝收褶，前腰收顺风褶，使腰部贴体。

案例二十三　假两件式连衣裙

（一）款式（图4-45）

图4-45　款式平面图

款式说明：前、后领口均为V字型，有肩带。袖子中间用扣襻固定，方便穿脱。上身两件式效果，里层贴体，外层摆围展开呈波浪状。款式飘逸、甜美、浪漫。

（二）面辅料（表4-45）

表4-45　面辅料

类　型	使　用　部　位	材　料
面料	上身、下裙、袖、肩带	印花雪纺
里料	上身、下裙	平纹雪纺
定型衬条	前、后领口	0.6cm 宽有纺衬条
拉链	右侧缝	3# 隐形尼龙拉链
纽扣	袖中间	16L 两眼树脂扣
扣襻	袖中间	0.2cm 弹力襻

（三）规格设计（表4-46）

表4-46　规格表（160/84A）　　　　　　　　单位：cm

序号	部位	规格	档差	序号	部位	规格	档差
1	后中长	74	2	6	袖口围	46	1.5
2	胸围（B）	92	4	7	袖长	24.5	0.5
3	腰围（W）	75	4	8	肩带（长／宽）	19/3	1/0
4	摆围（面／里）	210/136	4	9	领宽（前／后）	21/17	0.8
5	袖隆长（前／后）	17/19	0.5	10	领深（前／后）	8/6.5	0.3

（四）结构制图（图 4-46）

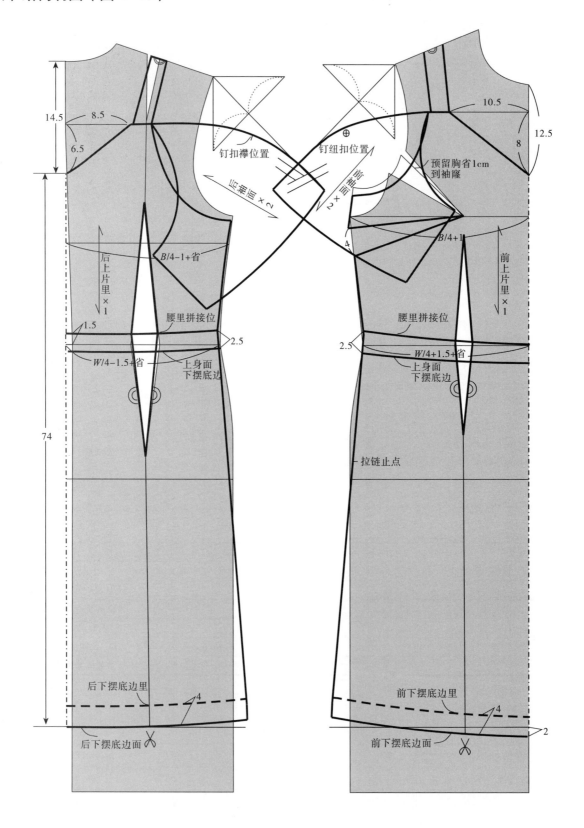

14.5

8.5

6.5

钉扣襻位置

后袖面 ×2

钉纽扣位置

前袖面 ×2

预留胸省1cm 到袖隆

10.5

8

12.5

后上片里 ×1

B/4-1+省

B/4+1

前上片里 ×1

腰里拼接位

1.5

2.5

W/4-1.5+省

上身面 下摆底边

腰里拼接位

2.5

W/4+1.5+省

上身面 下摆底边

74

拉链止点

后下摆底边里

4

前下摆底边里

4

后下摆底边面

前下摆底边面

2

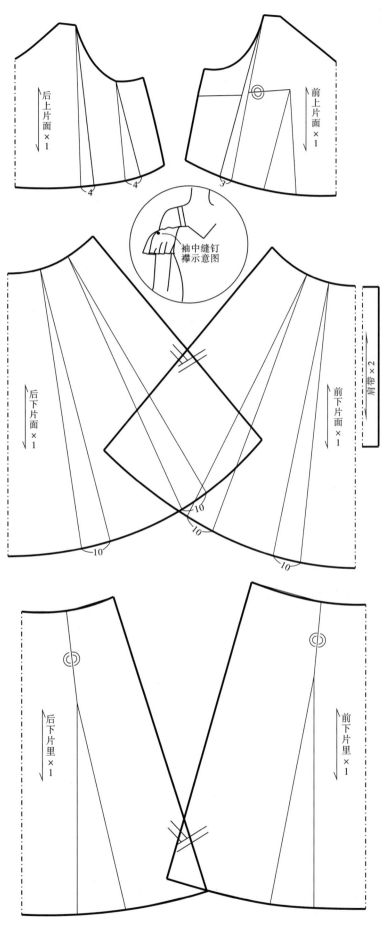

后上片面×1

前上片面×1

袖中缝钉襻示意图

后下片面×1

前下片面×1

肩带×2

4 4 3

10 10 10 10

后下片里×1

前下片里×1

图4-46 结构制图

（五）技术要点

（1）袖子较宽松，按插肩袖方法制图，在袖中缝中间钉扣襻、纽扣，既可以为无袖效果，扣好后又是有袖效果。

（2）上身胸省量转移到上身下摆，在胸、背宽线处再展开追加下摆波浪。

（3）下裙将腰省合并后，作裙里。裙面需下摆再展开，加大波浪。

案例二十四　假两件背心式连衣裙

（一）款式（图4-47）

款式说明：圆领，后中开口，上身两层，外层宽松呈荷叶边状，有动感。内层贴身，腰节与下裙拼接。外层小衫短于腰节位，不经意间秀出小蛮腰。款式飘逸、唯美。

图4-47　款式平面图

（二）面辅料（表4-47）

表4-47　面辅料

类　型	使　用　部　位	材　料
面料	上衣外层、下裙、外层袖窿包边	印花乔其纱
里料	上衣里层、内里袖窿包边	170g/m² 氨纶平纹针织布
定型衬条	领口、袖窿、后开口	0.6cm宽有纺衬
纽扣	领后中	14L树脂二眼扣
弹力扣襻	领后中	0.2cm宽弹力襻
拉链	内层右侧缝	3# 隐形尼龙拉链

（三）规格设计（表4-48）

表4-48　规格表（160/84A）　　　　　　　　　　单位：cm

序号	部位	规格	档差	序号	部位	规格	档差
1	后中长（总长）	80	2	8	袖窿围（外层）	44	2
2	肩宽（S_1，内层）	30	1	9	领围（N）	54	1.5
3	胸围（B_1，内层）	84	4	10	后中长（外层上衣）	30	0.5
4	胸围（B_2，外层）	92	4	11	肩宽（S_2，外层）	32	1
5	腰围（W，内层）	69	4	12	摆围（外层）	97	4
6	摆围（下裙）	204	4	13	侧拉链开口长	32	1
7	袖窿围（内层）	42	2	14	后开口长	8	0

（四）结构制图（图 4-48）

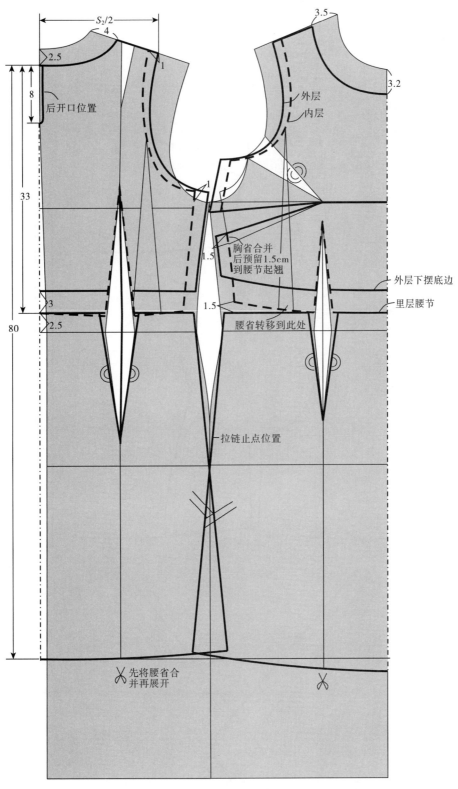

图 4-48

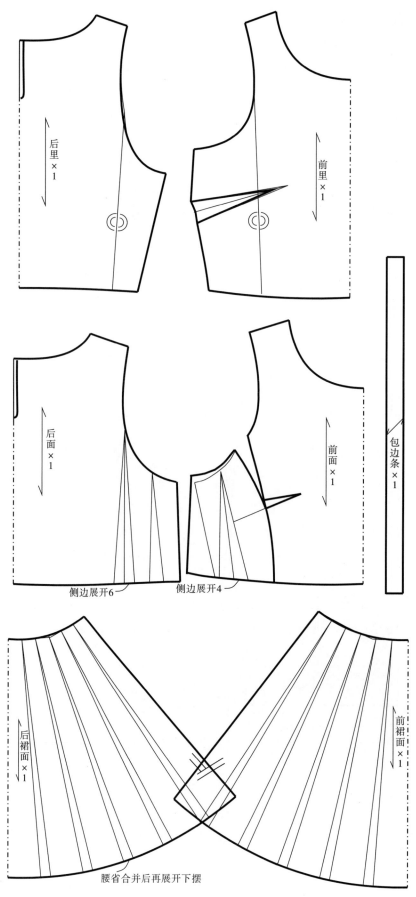

后里×1

前里×1

包边条×1

后面×1

前面×1

侧边展开6

侧边展开4

后裙面×1

前裙面×1

腰省合并后再展开下摆

图4-48 结构制图

（五）技术要点

（1）腰节上抬2.5cm，袖窿深上抬1cm。

（2）上身内层为针织布，为达到合体效果，侧边收进。为保持中臀围尺寸，下裙腰节处侧边不可收进，通过增加腰省的方法来减小腰围尺寸。

（3）胸省量合并，预留1.5cm到侧边腰节起翘处理。剩余的胸省量在内层收腋下省。在外层转移到公主缝，前中片收短胸省。

（4）上身内层将腰省转移到胸、背宽位置再合并，使腰部贴体。外层还需在侧边再展开，形成下摆波浪效果。

（5）下裙先将腰省合并，再展开下摆增加波浪效果。

案例二十五 荷叶立领衬衫式连衣裙

（一）款式（图4-49）

款式说明：领子拼接花边，精致甜美。领部系带打蝴蝶结突显活力少女气息，下摆拼接A型小短裙，活泼俏皮。长袖，后中装隐形拉链，是青春少女很好的款式选择。

图4-49 款式平面图

（二）面辅料（表4-49）

表4-49 面辅料

类　型	使用部位	材　料
面料1	大身	涤纶色织竖条布
面料2	袖、领	人棉乱麻布
黏合衬	领	30旦有纺衬
拉链	后中	3#隐形尼龙拉链
色丁带	飘带	涤纶色丁带
橡筋带	袖口	0.6cm宽橡筋带

（三）规格设计（表4-50）

表4-50 规格表（160/84A） 单位：cm

序号	部位	规格	档差	序号	部位	规格	档差
1	后中长	79	2	9	袖长	60	1
2	肩宽（S）	37.5	1	10	袖肥	32	1.5
3	胸围（B）	90	4	11	袖口围（松量）	19	1
4	腰节高	36	1	12	袖口围（拉量）	32	1
5	腰围（W）	82	4	13	领围（N）	40.5	1
6	臀围（H）	91	4	14	领高	2	0
7	摆围	192	4	15	后中拉链长	48	1
8	袖窿围	43	2	16	飘带长（长/宽）	150/2	0

（四）结构制图（图4-50）

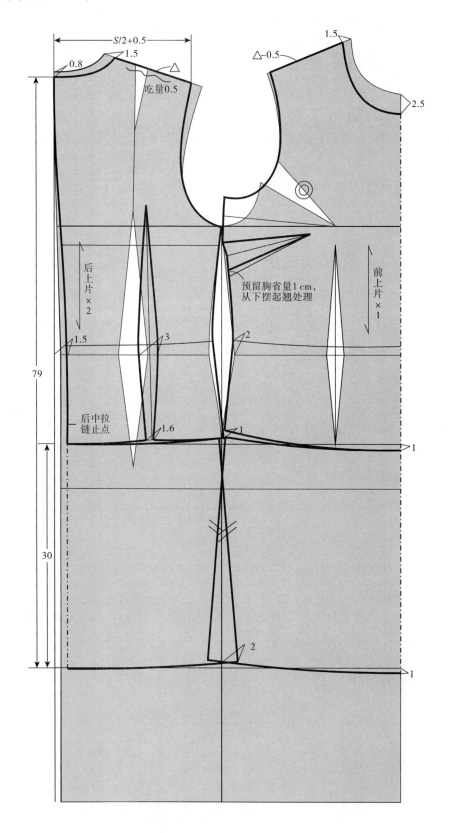

后上片×2

前上片×1

吃量0.5

预留胸省量1 cm，
从下摆起翘处理

后中拉
链止点

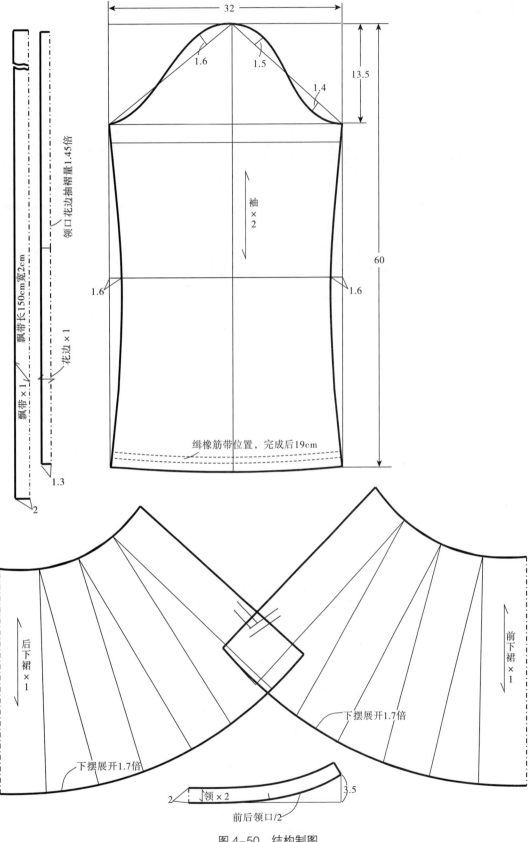

图4-50 结构制图

（五）技术要点

（1）预留胸省 1cm，通过腰节侧边起翘处理。剩余的胸省转移到腋下作为腋下省。

（2）后片腰省下口距离需达到 1.6cm 以上，方便缝合。

（3）下裙适当展开，形成波浪。

案例二十六　翻领衬衫式连衣裙

（一）款式（图 4-51）

款式说明：衬衫式开门襟连衣裙，衬衫式翻领，清新减龄。左前胸有胸袋，前门襟钉 10 粒纽扣，直腰身型，腰两侧钉线襻穿腰带，张弛有度。可解开上面的纽扣露出内衣，还可以像风衣一样披在外面，适合各类人群穿着。

图 4-51　款式平面图

（二）面辅料（表 4-51）

表 4-51　面辅料

类　型	使用部位	材　料
面料	大身、领、袖、胸袋、腰带	全棉平纹布
黏合衬	门襟、领子	30 旦有纺衬
纽扣	门襟	18L 树脂平眼扣

（三）规格设计（表 4-52）

表 4-52　规格表（160/84A）　　　　　　　　　　单位：cm

序号	部位	规格	档差	序号	部位	规格	档差
1	后中长	84	2	6	袖长	18	0.5
2	肩宽（S）	38	1	7	袖口围	30	1.5
3	胸围（B,不含后中裥）	100	4	8	领围（N）	38	1
4	摆围	104	4	9	翻领/底领高	4.3/2.5	0
5	袖窿围	44	1.8	10	腰带（长/宽）	125/1	4/0

（四）结构制图（图4-52）

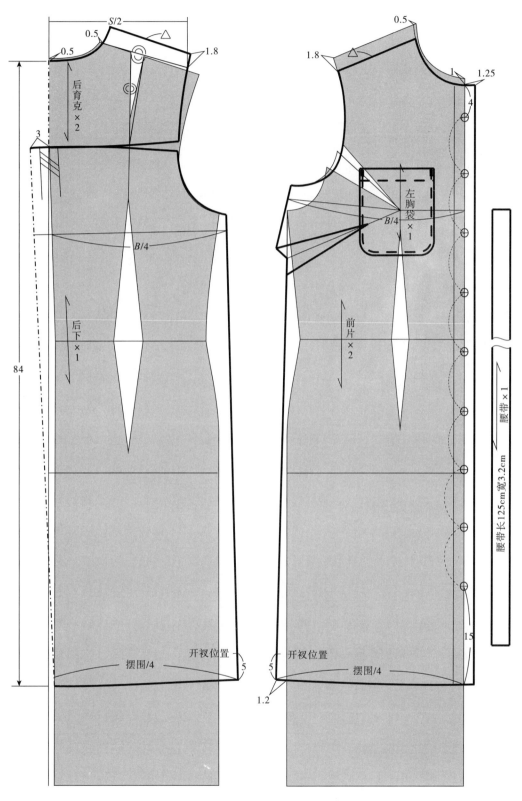

图4-52

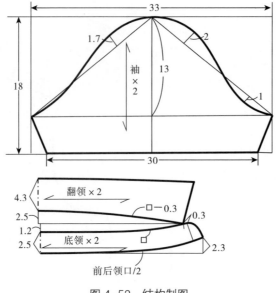

图 4-52　结构制图

（五）技术要点

（1）前、后肩互借 1.8cm，使肩线走前。

（2）后肩省转移到后育克分割线处，使肩部贴体。

（3）胸省量可预留 0.6cm 作袖窿松量，其余转移到腋下作腋下省。

（4）门襟第一粒纽扣距领口 4cm，最下一粒纽扣位置视整体比例（一般距下摆底边 15cm 左右），其他纽扣均分。

案例二十七　传统旗袍裙

（一）款式（图 4-53）

款式说明：立领，前胸有袖窿省、腋下省，前、后腰各收两个腰省。两侧开衩，传统偏右襟，领口、门襟处钉 3 对盘扣。领口边、门襟边、开衩位置、袖口部位包边。款式典雅、端庄，充分体现了东方女性婀娜多姿、凹凸有致的美妙体态。

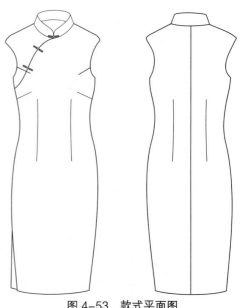

图 4-53　款式平面图

（二）面辅料（表 4-53）

表 4-53　面辅料

类　型	使用部位	材　料
面料	大身、领	真丝织锦
包边条	领、门襟、侧开衩、下摆底边、袖口	色丁条
黏合衬	领、门襟	30 旦有纺衬
盘扣	领、门襟	手工盘扣

（三）规格设计（表 4-54）

表 4-54 规格表（160/84A） 单位：cm

序号	部位	规格	档差	序号	部位	规格	档差
1	后中长	131	2	5	摆围	66	4
2	胸围（B）	89	4	6	肩宽（S）	45.5	1
3	腰围（W）	71	4	7	袖窿围	40	1.8
4	臀围（H）	93	4	8	领围（N）	40	1

（四）结构制图（图 4-54）

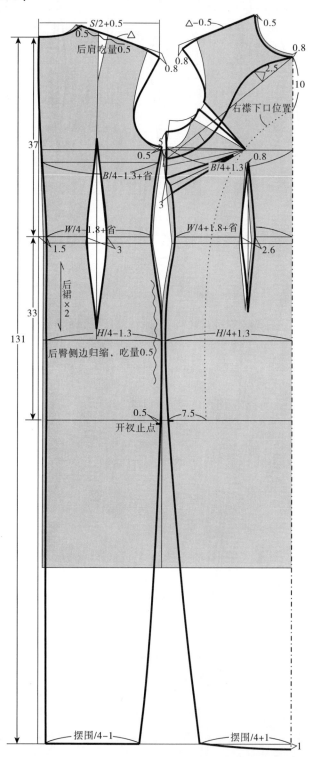

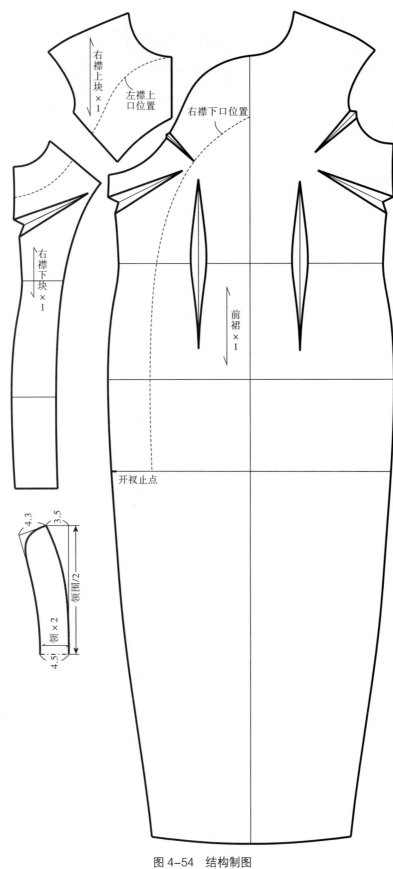

右襟上块×1

左襟上口位置

右襟下口位置

右襟下块×1

前裙×1

开衩止点

4.3

3.5

领围/2

领×2

4.5

图4-54 结构制图

（五）技术要点

（1）胸、腰、臀侧缝移进，减少大身放松量，使裙子合体。

（2）胸省一部分转移到侧缝作腋下省，还有一部分在袖窿，作袖窿省。通过胸省量分散，使胸部更合体。后肩省保留0.5cm作肩缝吃量，其余转移到袖窿内。

（3）腰节线向下33cm为开衩位置，不宜再向上，否则易走光。

（4）前腰省向前中移0.8cm，使胸部更有聚拢效果。在后臀部位置侧缝有吃量0.5cm，通过归缩，把臀部曲线做出来。

（5）立领起翘量较多，较贴脖颈。由于领子较高，前领深下落0.8cm，领宽开宽0.5cm，加大领围，否则不舒服。

（6）现代改良旗袍，可以在后领到臀部装隐形拉链，前门襟采用包边条压缉在大身上，为假门襟。这裙款适合大批量生产，并穿脱方便。

案例二十八　育克拼接旗袍裙

（一）款式（图4-55）

款式说明：立领，两侧摆围开衩，领口钉1对手工盘扣。前、后育克拼接透明网纱，前领口有水滴型镂空，透露中不失含蓄。后背有U型弧线，具有美背效果。采用中国传统旗袍元素设计，并结合现代女性的审美观点，具有妩媚、优雅、张弛有度的时代气息。

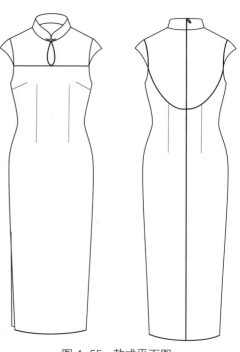

图4-55　款式平面图

（二）面辅料（表4-55）

表4-55　面辅料

类　型	使 用 部 位	材　料
面料1	前后下裙、领、袖	真丝素缎
面料2	前、后育克	网纱
包边条	领、门襟、侧开衩、下摆底边、袖口	色丁条
黏合衬	领	30旦有纺衬
拉链	后中	3#隐形尼龙拉链

（三）规格设计（表4-56）

表4-56　规格表（160/84A）　　　　　　　　　单位：cm

序号	部位	规格	档差	序号	部位	规格	档差
1	后中长	128	2	6	肩宽（S）	38	1
2	胸围（B）	88	4	7	袖窿围	41.5	1.5
3	腰围（W）	70	4	8	袖口宽	17	0.6
4	臀围（H）	92	4	9	袖长	7	0.3
5	摆围	70	4	10	领围（N）	39	1

（四）结构制图（图 4-56）

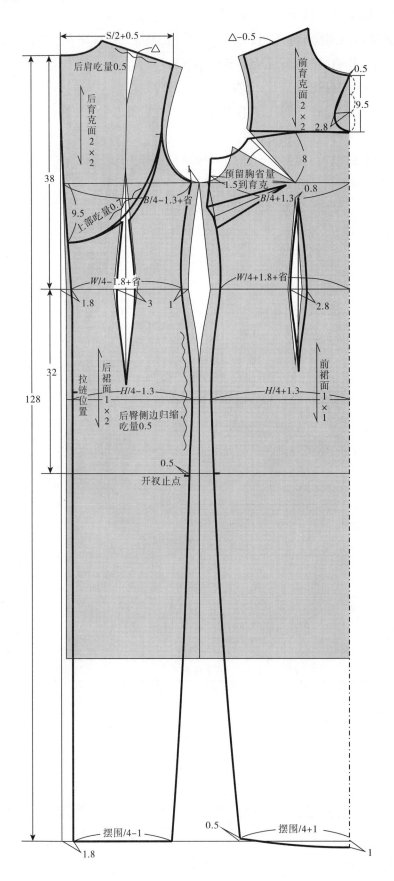

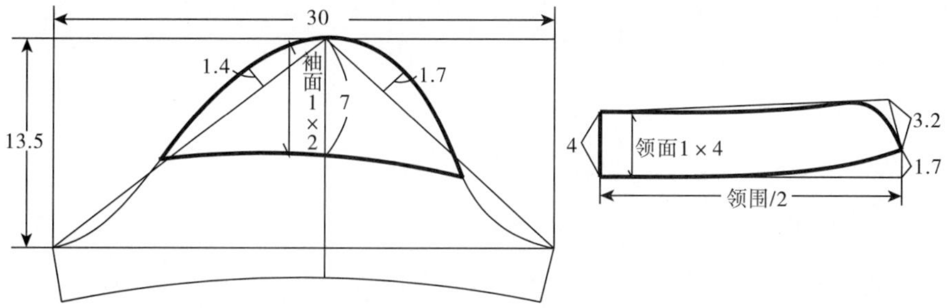

图 4-56 结构制图

（五）技术要点

（1）胸、腰、臀部侧缝移进 1cm，减少大身放松量，使裙子合体。

（2）胸省转移 1.5cm 到前育克处，剩余转移到侧缝作腋下省。后肩省保留 0.5cm 作肩缝吃量，其余转移到袖窿内。前腰省向前中移 0.8cm，使胸部更有聚拢效果。

（3）后育克分割线处通过调整上下弧线、上部分增加吃量 0.7cm，解决后上片位置的腰省量。

（4）腰节线向下 32cm 为开衩位置，不宜再向上，否则易走光。

（5）在后臀部位置侧缝有吃量 0.5cm，通过归缩，把臀部曲线做出来。

（6）前领深下落 0.5cm，穿好后更舒适。后领口绱拉链，方便穿脱。

第三部分　制作工艺实训

第五章　半身裙、连衣裙工艺基础知识

一、常用线迹名称与缝制设备

（一）常用线迹名称

　　服装缝制设备种类繁多，但实际上经常出现或组合出现的基础线迹只有四类：锁式线迹、链式线迹、包缝线迹和绷缝线迹（表5-1）。

表5-1　常用线迹名称图示

线迹名称	图示	说明
锁式线迹	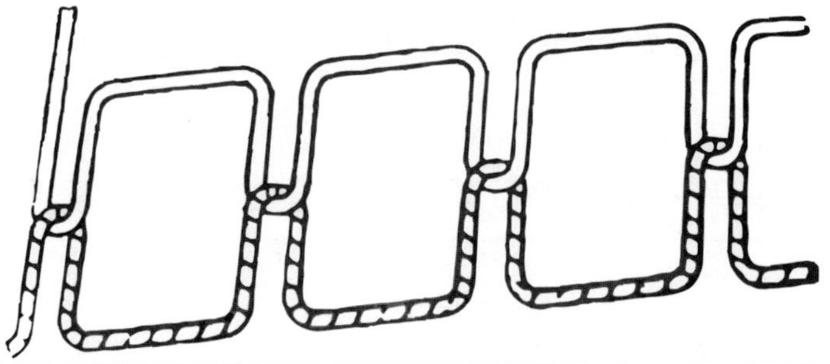 面线　底线	锁式线迹是由一根或一根以上的直针线（面线）和一根梭子线（底线）在缝料中相互交叉连接而成
链式线迹	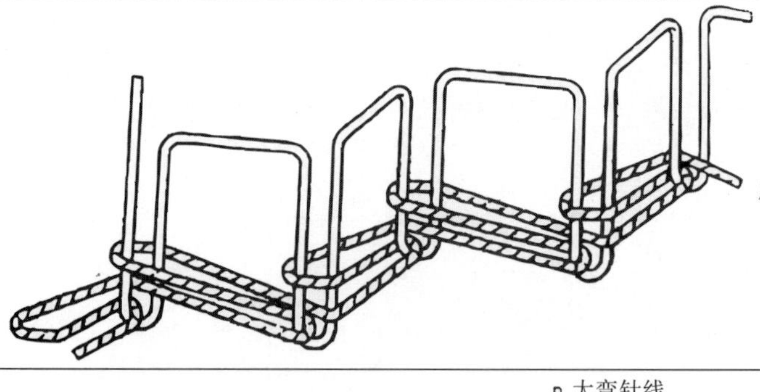 面线　底线	底部外观像链条一样，线迹弹性较好，强力高。需注意机器的调试，否则会发生连锁脱散现象
包缝线迹	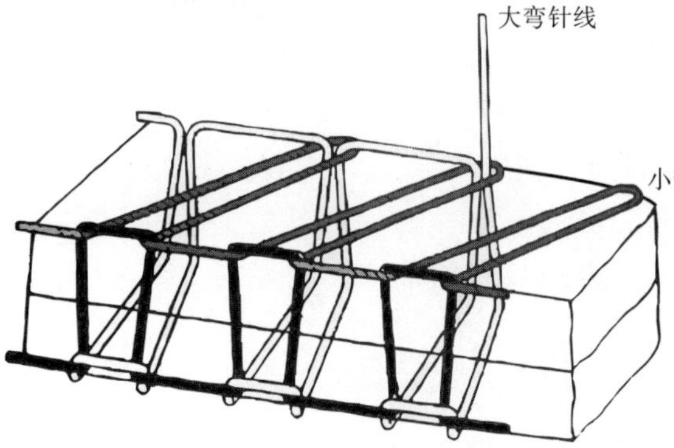 大弯针线　小弯针线　直针线	将缝料的边缘包住，可以防止缝料边缘脱散

续表

线迹名称	图示	说明
绷缝线迹	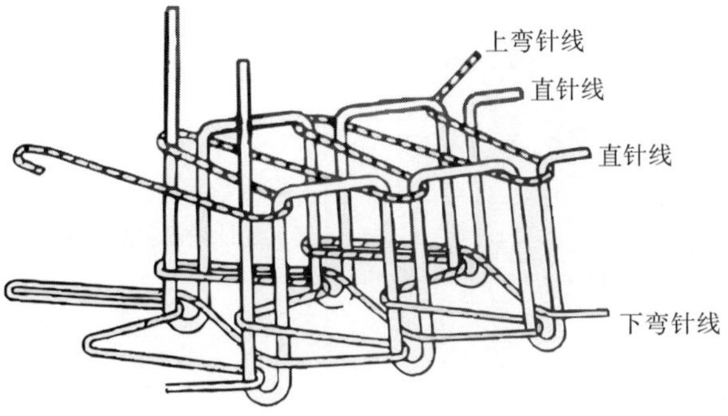 上弯针线 直针线 直针线 下弯针线	线迹平整、强力大、拉伸性较好，且具有极强的装饰效果，在拼接等缝合中还可以起到防止边缘线圈脱散的作用。一般在针织面料上使用

（二）常用缝制设备（表5-2）

表5-2　常用缝制设备

缝制设备	用处	图示	说明
平缝机	对裁片进行拼接、缝合	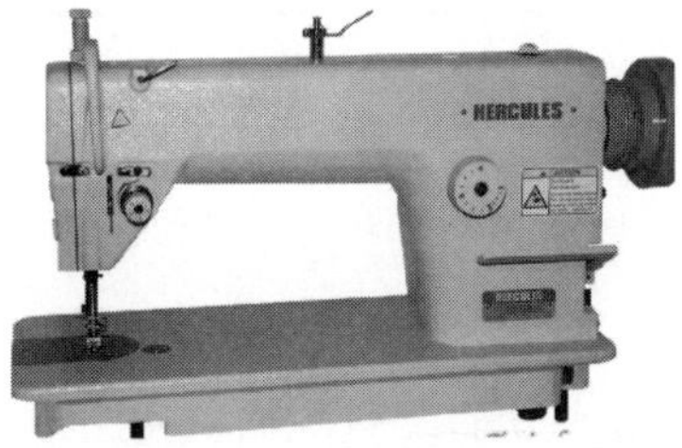 HERCULES	在机织服装产品中使用最广泛的缝制设备
链式缝机	在弹力机织、针织面料中广泛使用	 JUKI	在缝料正面形成与锁式线迹相同的外观，反面呈链状。线迹的弹性和强力均较好，且不易脱散，满足人体活动及穿着功能的需要
包缝机（锁边机）	切齐缝料边缘、对缝料进行缝合及包覆，以防止缝料边缘脱散等	 ZOHUI	在机织面料中使用防止缝料边缘脱散 在针织面料及弹力面料中使用作为缝合功能，可调整为三线、四线、五线 锁边线迹加密，还可以作为花边的密拷机，线迹可调为0.2cm、0.3cm宽

续表

缝制设备	用处	图示	说明
绷缝机	在领口滚边绲缝，袖口、下摆底边卷边绲缝	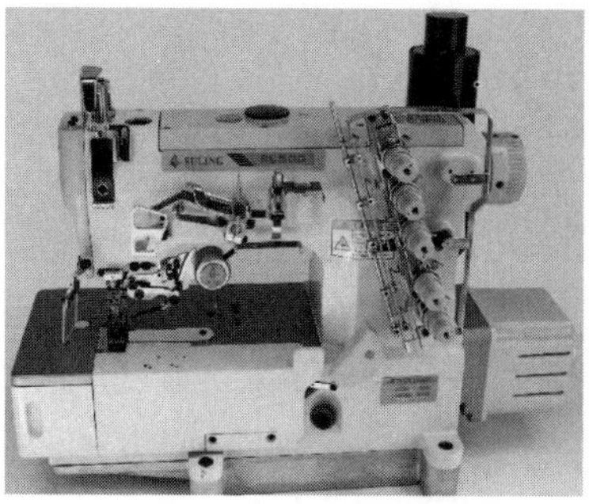	线迹呈扁平状，缝迹的强力和弹性都比较好，是针织面料最主要的缝制设备
拉橡筋机（打揽机）	可以做收褶、收缩缝制，并可在面料表面绲装饰线迹		主要是起装饰效果。线迹花样可以调整，产生多种花样。使用弹力缝线，有收缩及装饰的双重效果，是女装生产中广泛使用的设备

二、用针、线及针距匹配选用

裙装缝制时，应选择与缝线相适宜的最小号机针，针织面料使用圆头机针，针尖不可有毛刺。相关用针、线及针距的匹配选用如表 5-3 所示。

表 5-3　用针、线及针距匹配选用

用途	类型	超轻薄面料	轻薄面料	中厚型面料	备注
机针	机针型号	7#~8#	9#	11#~14#	选择适合面料的最小号机针
绲缝	面线	602#	603#、402#	403#	
	底线	602#	603#、402#	603#、402#	
	明线针距	≥ 13 针 /3cm	≥ 13 针 /3cm	≥ 12 针 /3cm	
	暗线针距	≥ 14 针 /3cm	≥ 14 针 /3cm	≥ 13 针 /3cm	
缝份锁边	锁边线	602#	603#、402#	403#	
	锁边线针距	≥ 15 针 /3cm	≥ 13 针 /3cm	≥ 12 针 /3cm	
套结	套结线	无	无	603#、402#	
	套结针距	28 针 /0.6cm、36 针 /0.8cm、44 针 /1cm、52 针 /1.2cm、64 针 /1.5cm			适合中厚型面料
锁眼	纽眼线	602#	603#、402#	603#、402#	
	纽眼线针距	≥ 15 针 /1cm	≥ 14 针 /1cm	≥ 14 针 /1cm	

续表

用途	类型	超轻薄面料	轻薄面料	中厚型面料	备注
钉扣	钉扣线	603#	603#、402#	603#、402#	门襟胸高点上下 2cm 范围内需有一粒纽扣
	钉扣线数	每眼不少于 8 根线	每眼不少于 8 根线	每眼不少于 8 根线	
锁边加密（密拷）	锁线	602#、单股涤纶蓬松线	603#、单、双股涤纶蓬松线	603#、单、双股涤纶蓬松线	缝线组合形式可如下： （1）2 条 603# 线 +1 条 150 旦低弹丝蓬松线三线锁边 （2）1 条 603# 线 +2 条 150 旦低弹丝蓬松线三线锁边 （3）602#~603# 三线锁边
	锁边针距	1cm 不少于 9 针（宽边）、1cm 不少于 12 针（窄边）			

三、裙装制作工艺的要求

（一）缉缝要求

（1）缝线的种类、规格与颜色应与面料的颜色和质地相匹配。

（2）各部位缝制线迹顺直、整齐、牢固、平服、宽窄一致。

（3）面、底线松紧适宜，不能有面、底线互透的现象。

（4）无跳线、断线、浮线，明显部位不能有接线。起落针处要有回针（回针来回不能少于 3 针）。

（5）同一件服装中，同名称、同类别针距密度要一致。

（6）打套结处不能有断纱、撑开或超出等现象。针距要均匀，不能过密起堆或过稀起纱等现象。

（7）锁边线：底、面线松紧要一致。三线锁边完成 0.4cm 宽，四线锁边完成后 0.5cm 宽。弹力面料需用弹力线或四线锁边缝制。针织面料缝份需四线锁边，避免拉开后断线。

（8）锁边加密（密拷）线要密实，无毛茬，无跳针。

（9）缝合时注意相关部位缝份的倒向，不能有扭曲、反扗现象。

（10）商标（主唛）、尺码唛、洗水唛位置要端正、准确，不可掩盖字体、图案。

（11）所有松紧绳、橡筋带、棉绳、织带、蕾丝花边预先缩水后再生产。

（12）针织和机织相拼的面料（缩水率差在 2% 以上的），针织面料要先预缩后再做。

（13）有绣花的款，绣花部位应线迹平整、不起包、不松不紧、无毛露，背面的衬纸或衬布必须去除干净。接触皮肤的印绣花工艺，还需测试舒适性，否则需加粘黏合衬或衬料。

（14）稀疏面料或缝边易滑边的面料，视缝制部位的受力程度而采用合适的加固缝制工艺。

（二）装拉链要求

常规装拉链长度，一般连衣裙需超过人体腰部，短裙需超过臀部位置，以方便穿脱衣服。具体要求如下：

（1）普通拉链外露尺寸：5# 拉链 1.2~1.3cm，3# 拉链 1~1.1cm 宽。装拉链时大身要有适当吃势，成品后拉链不可起拱。

（2）半身裙（裤）门襟装拉链，门襟要盖住里襟，底端重叠为0.3cm，上端重叠为0.5cm。

（3）领口或腰口装隐形拉链，腰顶上端距拉链上止点0.5cm留空位，钉风纪扣。如果顶边无风纪扣，上端可平齐拉链上止点，不需留空位。

（4）连衣裙侧缝装隐形拉链，有袖款从袖窿下2.5cm处起装（上、下封口），无袖款从袖窿底开始装（上开口，下封口）。

（5）有里料款，隐形拉链位里料开口比拉链头（面料开口处）下1.3cm。面料下面拉链尾留3cm长，拉链尾要用里料包边1cm宽。两侧拉链布带固定在缝份上。

（6）当拉链金属齿会接触皮肤时，底需加里襟，避免引起皮肤过敏。

（三）修缝份工艺要求（针对精致高档服装）

由于服装在有缝份和重叠的地方较厚，为使服装表面平整，需修剪缝份。操作时，需视面料厚薄、紧密程度来决定缝份大小，与缉暗加固线、粘衬来配合使用。

（1）压双线或0.6cm宽（及以上）的单线的缝份，要修大小缝份，大小缝份宽度分别是1cm和0.5cm，有缝份十字交汇和重叠的拼缝位，必须要打刀口开缝后再压线，注意刀口不能打得太深（造成毛口）。

（2）腰头：弯腰口内缝份必须修大小缝份，大小缝份分别是腰面0.7cm、腰贴0.5cm。

（3）所有领口边（无领）、门襟、腰带、襻：内缝份必须修大小缝份，大小缝份宽度分别是0.7cm和0.5cm。

（4）有折边下摆打刀口方法如下：

①有里料的服装：下摆、袖口打刀口要在超过折边1cm的位置（图5-1），其他部位在缝份边缘进去2.5cm的位置打刀口。

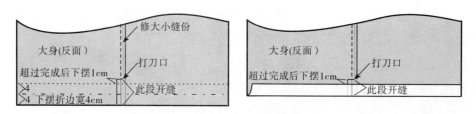

图5-1　有里料打刀口

②无里料的服装：脚口、袖口打刀口要在超过脚口（袖口）折边宽1cm的位置（图5-2）。其他部位修大小止口来解决厚度问题，如果缝份不压线，大小止口修1.5cm长（从边缘起计），如图5-3所示。

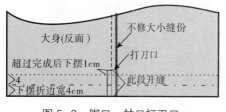

图5-2　脚口、袖口打刀口

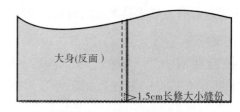

图5-3　其他部位打刀口

（四）弹力定型带使用位置

针对针织或弹力面料，为有良好的保型、回弹性需加弹力定型带。加弹力定型带位置主要有：

（1）上衣肩缝、裤子前后裆缝。

（2）开口较大的领口、抽褶部位、收腰连衣裙腰节破缝位置。

（五）里料下摆处理要求（图5-4）

（1）商务裙：活里为面料下摆折边4cm，里料长度需盖过下摆折边1.5cm（里料下摆底边距面料下摆底边2.5cm，不外露）。死里为里料距下摆底边3cm，风琴松量1cm。

（2）休闲裙：根据弧度大小调整折边宽度（弧度越大、折边越窄）。一般里料下摆折边宽1.25cm（反折1.25cm，卷进1.25cm）。

（3）大圆裙：半成品需修剪后再卷底边，卷边0.6cm（反折0.6cm，卷进0.6cm）。

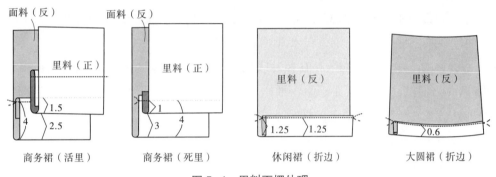

图5-4　里料下摆处理

（六）省、裥要求

（1）轻薄裙装面料，为使省道位置准确、避免面料被损伤，一般不采用传统钻孔定位的方式。通常用"可消褪"笔（注意笔的品质，保证成品后不留印迹）或采用打线钉的方式来做标记。

（2）所有省尖缝制结束后，缝线留长一段余量，打结处理。线尾最终修剪至0.6cm长或藏进省缝夹层。

（3）省缝需熨烫平服，不能起波浪，省尖圆顺无皱褶。

（4）顺风裥缉缝需成"L"型，工字裥缉缝长短一致，回针牢固。

（七）定位要求

（1）有里料的裙裤：裆底用宽1cm里料条，将面、里固定，完成松度2cm。

（2）活动裙里：位于里料下摆向上3cm（超宽松裙除外），在侧缝处拉5cm长线襻固定面、里。

（3）裙子的叠衩底边：手工做十字架定位，叠衩平整为准，便于整烫。

（4）无里料的领贴或腰贴：在每条缝份处需与大身对应位置钉针固定。

（5）有里料的上衣：要在袖窿底、肩头处用1.5~2cm长里料条，固定面、里。

（6）有开衩的翻领：后翻领角需用钉针固定在领圈，避免领角外翘。

（八）锁眼、钉扣、钉裤钩、钉珠要求

（1）锁眼：定位准确，不偏斜，大小适宜（扣好纽扣后不能过松或过紧）。锁眼线迹均匀，无跳针、

断线现象，距边止口距离一致，没有散边、断纱不净、连纱、露衬布等现象。

（2）钉扣：厚面料，钉扣需绕脚，绕脚厚度与缝份厚度相适应；薄面料，钉扣不需绕脚，但钉扣缝线需有适当的松度；单层面料不可钉扣（需加黏合衬或垫料）。如仅是装饰性纽扣（没有功能性）不做绕脚。所有线结要牢固，打结不外露。

（3）钉裤钩：钉裤钩位置需有黏合衬加固，钩面距边 1cm，环面平齐里襟。封腰头时要把腰里带紧，完成后腰里扣紧，不反吐。紧靠裤钩外侧打结 0.6cm 固定腰面、里。

（4）钉珠：穿线需牢固，如果珠子个数较稀时，需每个珠子打结；如果是连续钉珠，每 2~3 个珠子打结，不需剪断线。

（九）黏合衬工艺要求

黏合衬一般分为整块的黏合衬、定型衬条等。

1. 黏合衬工艺要求

（1）所有黏合衬部位不可起泡，脱落。薄透面料不可渗胶。要保持裁片的自然性，不能有拉扯、打褶、变形、扭曲等现象。所有黏合衬部位在水洗、干洗后外观要与大身平服。

（2）要保持烫台的干净，防止漏胶粘在裁片表面上。裁剪黏合衬面积应比面料面积小（另外制作黏合衬的专用纸样，黏合衬纸样一圈要小于面料纸样 0.2~0.3cm。可以避免污染黏合机的传送带及后刮片）。

（3）粘衬时注意裁片丝缕归位摆正，要保证成品后平服、不变形。

（4）使用前需测试好机台的时间、压力、温度是否达到粘衬要求，测试方法如下：

①温度：（用测试仪器）测试机台左、中、右的温度，均达到一致。

②时间：以裁片在受热区里停留的时间计算是否合格，以保证裁片良好的黏合效果。

③压力：测试人员先将布条（5cm 宽）输入黏合机，待布条输入后，根据手上的力量来判断左、中、右三个点压力是否一致，压力是否达到要求。

（5）粘衬完成后，需充分冷确后方可搬运。合格的成品，撕开黏合衬时，胶粒需在面料和黏合衬上各粘住一半，一般黏合拉力达到 9N 以上。

（6）粘衬的颜色要求如下：黏合衬部位与大身颜色需协调，无明显色差现象（达到 4 级以上）。常用黏合衬色有白色、黑色两种。在不出现外露的情况下，浅色面料选用白色黏合衬。深色面料选用黑色黏合衬。如果出现黏合衬部位与大身有色差现象，黏合衬需染色。染色的程度以测试黏合衬后与大身颜色一致为准。

2. 粘定型衬条（黏合牵条）牵条工艺要求

（1）通常情况下粘定型衬条要距止口边 0.3cm。

（2）定型衬条应与所粘部位的松紧度、形状一致。

（3）使用部位，要视服装的品牌定位、品质要求来决定。

（十）整烫要求

（1）熨烫平整，不能有死褶、亮光、烫痕、发硬、变色、起皱、潮湿等现象。

（2）合体服装，烫里料时在缝份处留有 0.2cm 风琴位（松量），避免面料不平整。特殊款式除外。

（3）同一条缝份，烫倒方向应与整条缝份的倒向保持一致，不能有扭曲、反扚现象。

（4）各对称部位的缝份的烫倒方向应对称。

（5）有工字裥或裤线需严格按要求整烫，需顺直、平整。活裥款烫线长度要一致，保持自然顺直。

（6）水洗款不要重压烫，保持缝份处起皱效果（根据款式需求）。不需水洗款需平烫，要求外观平整。

（7）熨烫后不得马上包装，要放置6小时以上，自然晾干后方可包装。

四、制作工艺流程的表示方法

服装工业化生产中，一般会对工艺流程进行设计，绘制工序流程图，以指导缝纫车间快速、高效生产。制作工艺流程的表示方法有多种，常见的有：工序表法、工序分析图法、工序流水表示法、设备说明表示法。

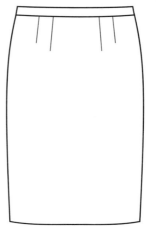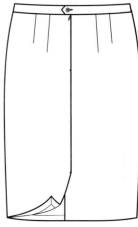

图5-5　短裙款式图

（一）工序表法

将每一种工序按制作先后顺序列于一个表中，同时给出每一工序所用设备的名称、每一工序的工艺要求等，根据需要，还可以给出缝线颜色、针距等，如短裙（图5-5）的工序表（表5-4）。

表5-4 短裙工序表

序号	工序	机器名称	针号	缝线颜色	针距（针/3cm）	工艺要求
1	省位打线钉、定位	手缝	小号	白色		用棉线，外露3cm
2	粘衬、牵条	黏合机、熨斗				不可渗胶、起泡、脱落
3	锁边	包缝机	9	大身布色	12	锁边美观，宽窄一致
4	缉省、烫省	平缝机、熨斗	9	大身布色	13	位置准确、左右对称
5	缝合后中	平缝机	9	大身布色	13	缝份1cm，做准
6	绱拉链	平缝机	9	大身布色	13	缝份1cm，做准
7	后开衩制作	平缝机	9	大身布色	13	按位置做准
8	合侧缝	平缝机	9	大身布色	13	缝份1cm，做准
9	绱腰头	平缝机	9	大身布色	13	缝份1cm，做准
10	下摆缲边	缲边机	9	大身布色	4	缲边线迹不外露
11	锁眼	锁眼机	9	大身布色	42	不可跳针
12	钉扣	钉扣机	9	大身布色		每孔8股线，打结牢固
13	整烫	熨斗	9		11	不可起极光、走形

（二）工序分析图法

由代表不同操作性质和内容的图形符号（表5-5）按工序顺序排列的图（图5-6）。企业也可以根据实际操作的需要，自定某些符号。

表 5-5　工序分析图中符号的意义

符号	符号意义	符号	符号意义	符号	符号意义
✿	平缝作业	□	手工作业	◇	质量检查
○	包缝作业	▽	裁片及配件	△	缝制结束
◎	特种机械作业	◉	成品整烫		

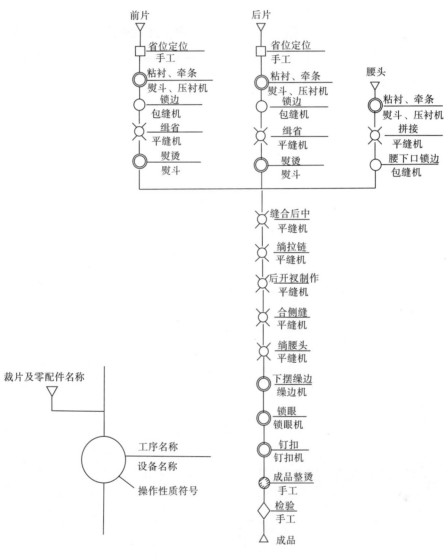

图 5-6　工序分析图及其构成要素

（三）工序流水表示法

按工序的先后顺序列出各工序名称，并用括号注明所用设备。例如：

粘衬、粘牵条（黏合机、熨斗）→锁边（包缝机）→缉省、烫省（平缝机、熨斗）→缝合后中（平缝机）→绱拉链（平缝机）→后开衩制作（平缝机）→合侧缝（平缝机）→绱腰头（平缝机）→下摆缲边（缲边机）→锁眼（锁眼机）→钉扣（钉扣机）→整烫（熨斗）。

（四）设备说明表示法

先列出缝制某种产品所需设备名称，然后在设备的后面说明该设备可用于哪几道工序缝制。对于一些有特殊缝制要求的工序，可在工序后附加说明，对于符合统一规定的缝制要求一般不必列出。例如：

（1）平缝机：缉省、缝合后中、缉拉链、后开衩制作、合侧缝、缉腰头。

（2）包缝机：锁边。

（3）熨斗：粘牵条、整烫。

（4）锁眼机：锁眼。

（5）钉扣机：钉扣。

以上四种工序流程表示方法各有优缺点，适合不同的工厂、产品。例如，前两种表示较全面，适合较复杂的服装款式或要求高的流水生产线；而后两种比较简单，适合简单的服装款式或对要求不高的工序。无论采用哪种工序流程的表示方法，都要利用工厂现有的设备条件，保证服装各工序的顺序性、缝制操作的方便合理性。各工序之间应避免迂回交叉，减少工序间的产品转移。

第六章　半身裙、连衣裙重点部件缝制工艺

一、省、褶、裥的缝制工艺

（一）省道

制作流程：定位→缉缝→打结→穿过夹层→剪断→熨烫→完成。具体操作要点如表 6-1 所示。

表 6-1　省道缝制工艺步骤

步骤	工艺内容	制作工艺图	缝制要点
1	定位	 操作方法(1) 操作方法(2)	操作方法（1）：高档轻薄型面料为使左右对称、丝缕平整，先用大头针固定好上下两层衣片，在所需位置用细针单线针距 2~3cm 穿过上下面料，再把上层衣片掀开，把线钉之间的连接线居中剪断。最后把衣片省位对折，按线钉位置，手工缝针把省固定下来，避免缉缝省道时丝缕走样 操作方法（2）：如果是普通低档面料，可仅在省尖处打线钉做标记定位
2	缉缝		布料正面对合，按省的形状缉缝。如省位处没有用缝线固定，可用珠针固定。缝合始端回针固定，缝合末端不用来回针缉缝，线尾留长

续表

步骤	工艺内容	制作工艺图	缝制要点
3	打结	 前片（反面）　前片（反面） 操作方法(1) 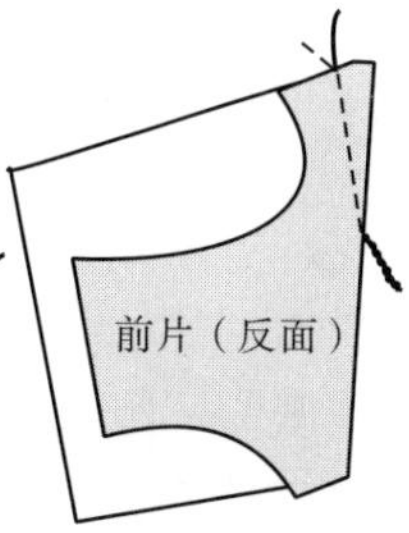　　操作方法(2)	操作方法（1）：精制服装，需将留下的两根线头打结 操作方法（2）：普通服装，缉空机使底面线铰链，再剪断留 0.6cm 长线尾，结束缉缝
4	穿过夹层	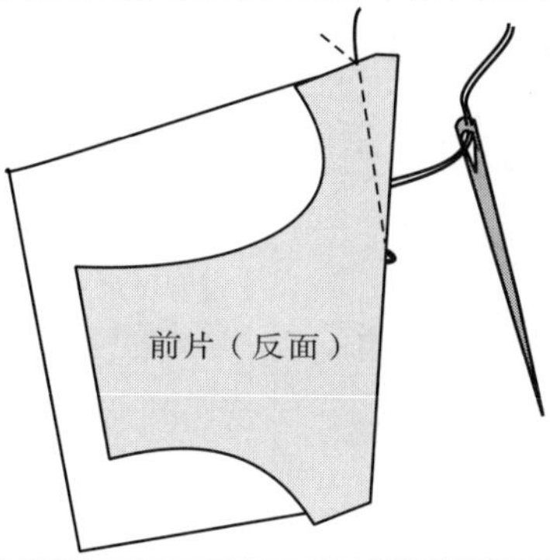 前片（反面）	打好结后，将剩余的线头穿入手缝针，藏入省的折叠部分后出针，面料正面不可看到线迹
5	剪断	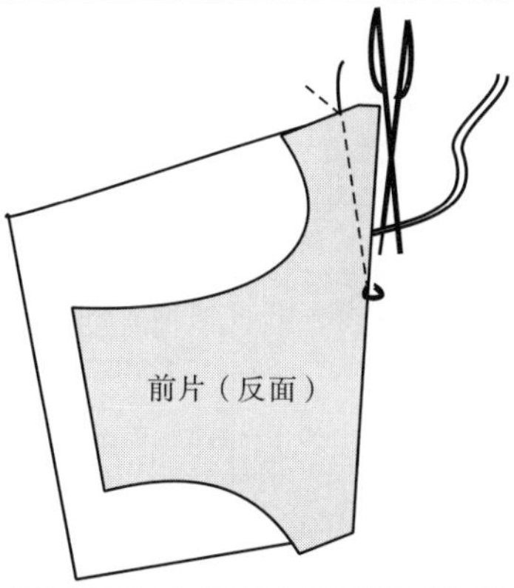 前片（反面）	沿着布边剪断线头
6	熨烫	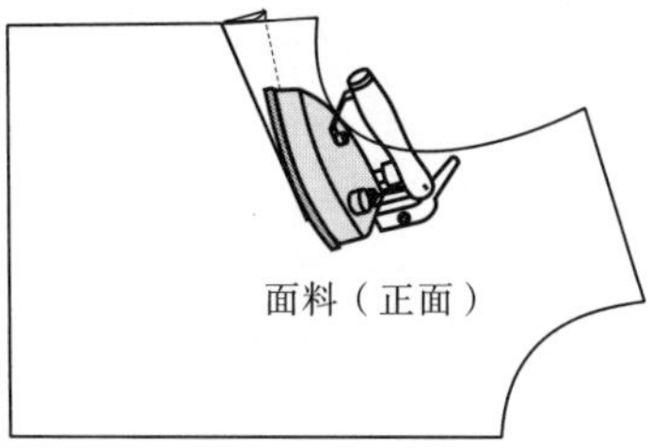 面料（正面）	将省垫在圆弧形垫凳上烫平服，省缝向上倒。省尖处不可起窝、死痕
7	检验	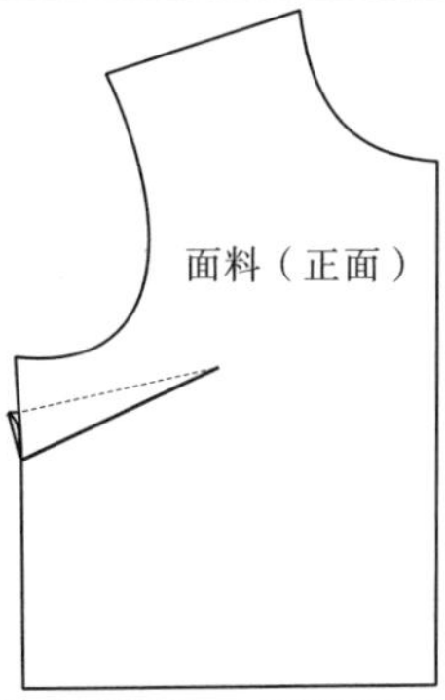 面料（正面）	左、右片省道长短一致、高低对称、省缝顺直。省尖圆顺无皱褶

续表

（二）抽褶

制作流程：做记号→缉线→抽缩→拼缝→熨烫→完成。具体操作要点如表 6-2 所示。

表 6-2　抽褶缝制工艺步骤

步骤	工艺内容	制作工艺图	缝制要点
1	做记号	拼合面料（正面） 抽褶面料（正面）	在所需面料上做好上、下片拼接对位标记（中间位置、起始位置）
2	缉线	拼合面料（正面） 抽褶面料（正面）	针距调大（每针 0.3cm 左右），面线调紧。双针缝合，距离拼合缝份位置 0.3cm（避免成品后缝线外露）
3	抽缩		将缉缝的面线一起拉抽，抽缩至所需尺寸。抽缩后的两根线一起打结
4	拼缝	拼合面料（反面）	抽缩完成后，需用锥子调整均匀，将拼合面料一起沿缝份拼合，完成后缝份锁边处理布边
5	熨烫	拼合面料（正面） 抽褶面料（正面）	缝份熨烫，内缝份向上倒，但抽褶处不可烫死
6	完成	拼合面料（正面） 抽褶面料（正面）	拼缝顺直，抽褶均匀、自然

（三）顺风裥

制作流程：定位→缉缝→熨烫→固定→完成。具体操作要点如表 6-3 所示。

表 6-3　顺风裥缝制工艺步骤

步骤	工艺内容	制作工艺图	缝制要点
1	定位	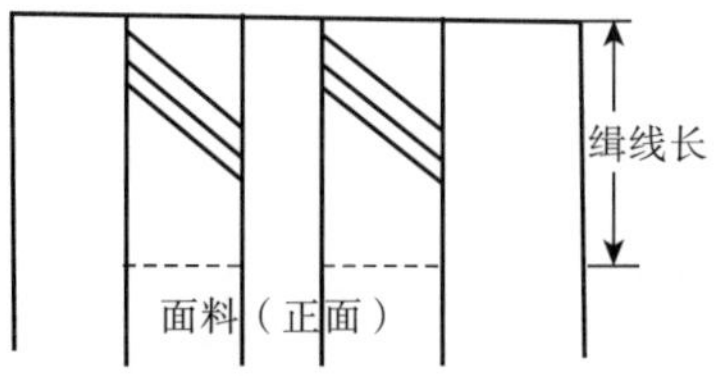 缉线长 面料（正面）	在衣片需要的位置，做顺风裥缉缝标记（活裥除外）
2	缉缝	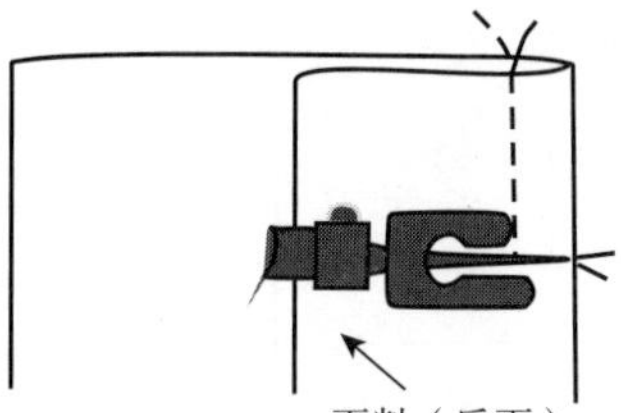 面料（反面）	将衣片正面相对折叠，按裥需要的长度并拐弯缉缝，起始端需回针固定
3	熨烫	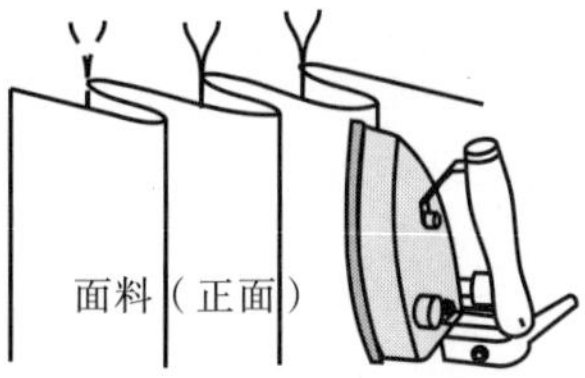 面料（正面）	缝制后，将衣片平铺，褶裥顺直，按指定的方向一顺倒，熨烫平服。对折处不要有极光现象
4	固定	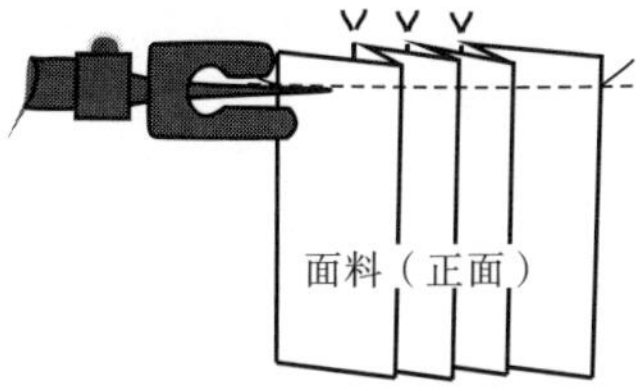 面料（正面）	在布边缉缝 0.6cm 边线固定褶裥倒向，方便拼合其他衣片
5	完成	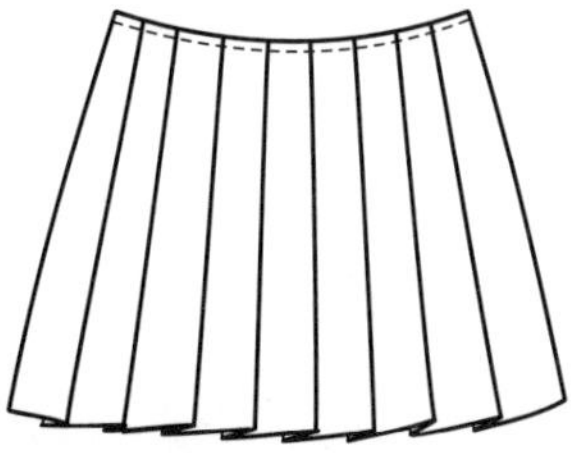	裥上下顺直，宽窄、倒向一致，上下口圆顺，缉缝线牢固，不脱线

（四）工字裥

制作流程：定位→缉缝→熨烫→固定→完成。具体操作要点如表 6-4 所示。

表 6-4　工字裥缝制工艺步骤

步骤	工艺内容	制作工艺图	缝制要点
1	定位	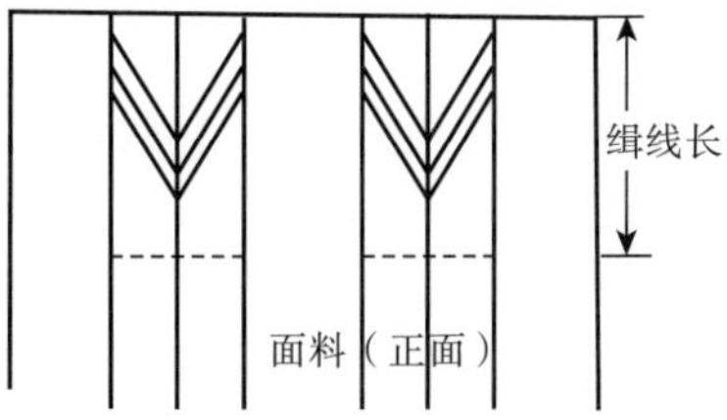 缉线长 面料（正面）	在衣片需要的位置，做好需缉缝的标记（活裥除外）

续表

步骤	工艺内容	制作工艺图	缝制要点
2	缉缝	面料（反面）	将衣片正面相对折叠，按裥需要的长度缉缝，起始端需回针固定
3	熨烫	面料（反面）	缝制后，将衣片平铺，反面朝上，褶裥整理顺直，将褶裥从中间两侧分开，对称熨烫定型
4	固定	面料（正面）	在衣片正面，沿褶裥缉缝处在两侧缉边线（按设计要求），固定裥型，保持工字裥的形状
5	完成		裥上下宽窄一致、顺直。上下口圆顺，上端缉明线，边止口长短、宽窄一致。线尾回针牢固，不脱线

二、开口缝制工艺

（一）水滴型开口

制作流程：开剪→烫包边条→缏包边条→缉固定线→钉扣完成。具体操作要点如表6-5所示。

表 6-5 水滴型开口缝制工艺步骤

步骤	工艺内容	制作工艺图	缝制要点
1	开剪	后片（正面） 长 20cm/宽 2.8cm	常规后领开口长 9cm，下口弧形宽 1.5cm，在衣片居中位置开剪。使用 45°包边条，宽 2.8cm（斜纹条，缉缝后变窄，完成后宽 0.6cm）、长 20cm，先将开口位置及包边条裁剪好
2	烫包边条		将包边条对折烫齐（如采用专用缉包边的小工具生产，则不需熨烫）
3	缉包边条	后片（正面）	大身正面朝上，在开口处夹进包边条，需包足缝份，沿包边条边缘缉 0.1cm 边线
4	缉固定线	后片（反面）	将包边条反折至大身反面，沿边缉 0.1cm 边线（面料外露 0.6cm 宽明线），将包边条固定在大身上，在开口处熨烫平整

续表

步骤	工艺内容	制作工艺图	缝制要点
5	钉扣完成	 0.6	在后领口开口处，左侧钉纽扣，右侧钉扣襻领圈平服，左右对称，边线宽窄一致。开口两侧长短需一致，左右两边靠拢

（二）直线型开口

制作流程：定位→烫包边条→绱包边条→回针固定→钉扣完成。具体操作要点如表6-6所示。

表6-6　直线型开口缝制工艺步骤

步骤	工艺内容	制作工艺图	缝制要点
1	定位	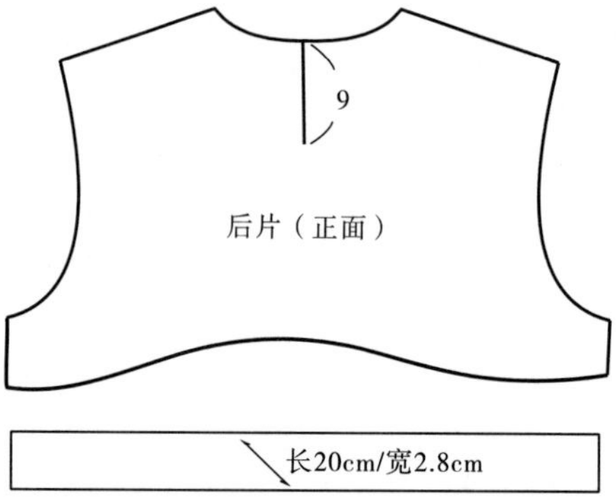 后片（正面） 9 长20cm/宽2.8cm	常规后领开口长9cm，包边条宽2.8cm（完成后宽0.6cm）、长20cm，将衣片及包边条裁剪好，开口剪开
2	烫包边条	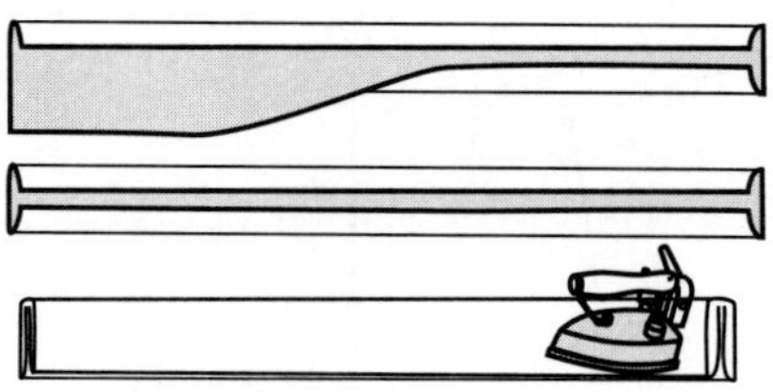	包边条对折烫平整，下层需比上层宽出0.1cm（如果采用专用绱包边的小工具生产，则不需熨烫）

步骤	工艺 内容	制作工艺图	缝制要点
3	绱包边条		拼合缝份有宽窄，在两端处为0.6cm，到剪口转角处为0.2cm。缝合时正面直接夹住大身缉明线，做闷缉缝
4	回针固定		将包边烫平整。正面相对，左右衩在领口处平齐重叠，下口呈45°缉斜线，回针3次封口固定
5	钉扣完成		在后领口开口处，左侧钉纽扣，右侧钉扣襻 完成后领圈需平服，左右对称，边线宽窄一致。后开口两侧长短一致

三、拉链缝制工艺

（一）隐形拉链

制作流程：烫拉链→粘衬条→拼缝、分缝→绱拉链→检查→拉链尾修剪→包拉链尾→封口、固定布带→完成。具体操作要点如表6-7所示。

表6-7 隐形拉链缝制工艺步骤

步骤	工艺内容	制作工艺图	缝制要点
1	烫拉链	拉链（正面） 拉链（反面）	将拉链头拉至底部，反面朝上，进行拉链布带熨烫。将卷起的牙链烫平，方便缝合，同时进行热缩，使成品平整
2	粘衬条	面料（反面）	轻薄易变形面料，在绱拉链缝份处粘定型衬条（防止拉伸），黏合超过开衩止点1~2cm
3	拼缝、分缝	面料（反面）	面料正面对合，留下绱拉链位置，从开衩位置开始拼缝，起始及末端需回针缝牢固。将拼合的缝份分缝烫平服
4	绱拉链		将拉链头拉至最底部，用单边压脚或专用隐形拉链压脚进行缝合。先从右侧边开始，到超过开衩止点1cm左右结束（订购拉链时，长度需超出开衩长3cm），在左侧拉链布带上做好标记后再缝合左侧边。缝合时，面料需略有吃量，避免拉链起拱
5	检查	面料（正面）	将拉链的拉头从底端拉链牙中间拉出，使之在面料正面。检查面料是否松紧一致、吃量均匀，大身不可卡拉链头，正面仅能看到拉链头（不可外露牙链），否则需进行返修

续表

步骤	工艺内容	制作工艺图	缝制要点
6	拉链尾修剪	面料（反面）　面料（正面）	在拉链末端处，用薄里料对折将拉链尾进行包缝（避免牙链刺皮肤），对折边朝里。将多余的拉链尾剪掉
7	包拉链尾		把布料翻转过来，将里料包边条折叠整齐后在拉链尾包住边沿缉缝
8	封口、固定布带	布带两边固定在缝份上　下口包布　封针固定	在开衩止点处，用金属卡头固定或手工封针固定，避免拉合时拉链头冲破面料的拼缝。将拉链两侧布带固定在大身缝份上，避免布带外翻
9	完成	面料（正面）	拉链平服，拉合顺滑，无卡齿、露拉链布带的现象。左右大身吃量适当，无拉链起拱或大身面料打褶现象。上口左、右片高低一致，下口封针牢固

（二）门襟绱拉链

制作流程：拼缝→绱门襟→做里襟→绱里襟→门襟绱拉链→缉门襟线→完成。具体操作要点如表 6-8 所示。

表 6-8　门襟绱拉链缝制工艺步骤

步骤	工艺内容	制作工艺图	缝制要点
1	拼缝		将衣片正面相对，从裆底拼缝至门襟开口位置
2	绱门襟		正面相对，在左侧衣片绱门襟贴布。绱缝位置超过开口 0.6cm，距裆底缝份缩进 0.15cm（贴布反折时，边缘平齐缝份） 贴布打开，正面朝上，按缝份位置在贴布上绱边线 0.1cm 将贴布翻折到大身反面，将拼缝处烫平整
3	做里襟		里襟对折后正面相对，在底端绱缝。翻出正面后，在侧边锁边 拉链反面与里襟正面相对，从下向上，沿着里襟内侧绱缝固定。拉链上口距腰头有 0.4cm 空位（除去缝份）
4	绱里襟		衣片右侧从上向下，扣压缝将绱好拉链的里襟固定。拉链下口金属止口距开口向上 0.6cm，避免绱门襟明线时，机针碰到金属卡头或牙链

续表

步骤	工艺内容	制作工艺图	缝制要点
5	门襟绱拉链		左右衣片、里襟与门襟贴布正面相对。相对时门襟缝份，在下口需超过里襟缝份0.3cm，腰口处超过0.6cm（成品后不易外露拉链） 将里襟翻到大身，从下向上将左侧拉链布带绲缝在贴布上
6	绲门襟线		在正面将门襟整理平整。在左侧大身上，从下向上绲门襟明线，固定门襟贴布 起针时，需将里襟下口翻到右侧大身，避免明线压住里襟。结束后将里襟恢复平整，再在绲门襟线起针处固定里襟（来回针或打套结） 门襟转弯处，在大身反面将贴布与里襟固定（来回针或打套结），高度需超过拉链头到最低位置
7	完成		成品后，门襟盖住里襟边止口，下口达到0.3cm，腰口达到0.6cm。在反面，里襟宽度需超过门襟0.3cm 门襟平整，拉链无起拱。左、右腰头高低一致

（三）护唇拉链

制作流程：粘衬条→拼缝→绱左侧拉链→绱右侧拉链→左侧绲明线→右侧绲明线→完成。具体操作要点如表6-9所示。

表6-9　护唇拉链缝制工艺步骤

步骤	工艺内容	制作工艺图	缝制要点
1	粘衬条		在装拉链位置左、右粘衬条，以增加挺括度

步骤	工艺内容	制作工艺图	缝制要点
2	拼缝		将左、右裙片从下摆底边拼接至开衩位置。从下摆底边至腰口将缝份劈开，烫平整。开衩位置的右后片缝份为2.5cm，左后片缝份为1.3cm（为使整烫平整，在平齐开衩处，将左片缝份打剪口）
3	绱左侧拉链		拉链在下，左后片在上，正面相对。从开衩止点向腰口缝合，将左侧拉链布带绱缝在裙片上，缝份为1cm
4	绱右侧拉链		左侧拉链绱好后，翻出，拉链在上，右后片在下，正面相对。相对时，下层的护唇烫折线，在开衩止点处需超出上层拉链缝份止口0.3cm，腰口处需超出0.6cm（右侧护唇可以盖住左侧缝份边）。从开衩止点向腰口缝合，将右侧拉链布带绱缝在裙片上，缝份为1cm

续表

步骤	工艺内容	制作工艺图	缝制要点
5	左侧缉明线	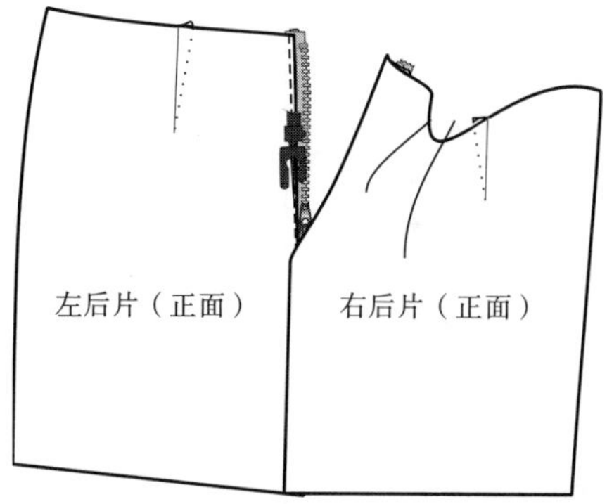 左后片（正面）　右后片（正面）	在裙片正面的左拉链缝份处，从腰口至开衩止点在大身缉0.1cm边线。缝份倒向大身
6	右侧缉明线	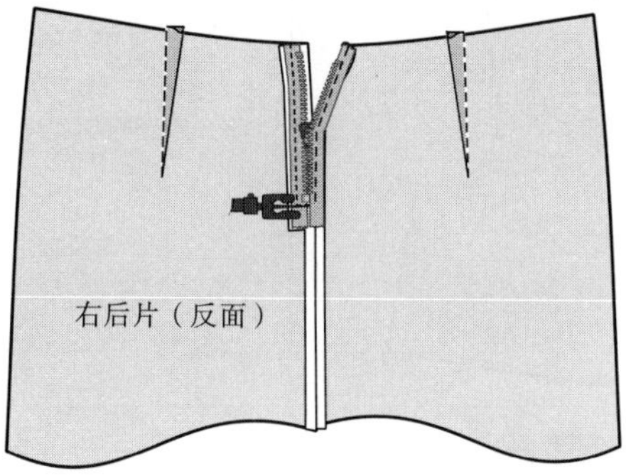 右后片（反面）	左侧护唇整理平整后，裙片反面朝上，将拉链与大身缉1.5cm明线。从腰口至开衩止点，并在开衩止点处拐弯，至左侧拉链缉线处结束
7	完成	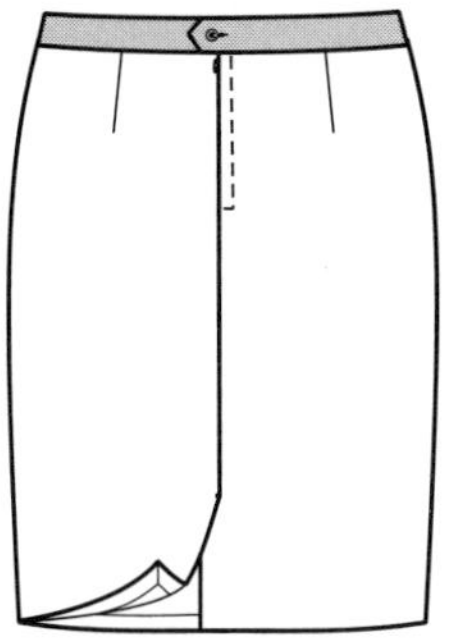	成品后，护唇需盖住拉链边止口，拉链布带不外露，左、右长短一致，护唇缉线宽窄一致

四、领口缝制工艺

（一）绱领

制作流程：粘衬→做领→烫衬条→拼肩缝→绱领→缉包边条→熨烫→完成。具体操作要点如表6-10所示。

表6-10　绱领缝制工艺步骤

步骤	工艺内容	制作工艺图	缝制要点
1	粘衬	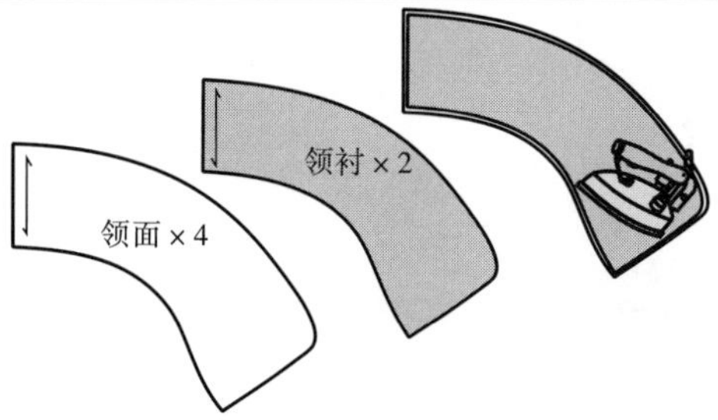 领面×4　领衬×2	领面粘衬，如果面料较薄难以生产，领面、领里也可全部粘衬

步骤	工艺内容	制作工艺图	缝制要点
2	做领	领里（反面） 领里（正面）	领面在下，领里在上，缝合领面和领里。缝合到领角处领里略带紧、领面稍放松，缝出里外匀 领翻出正面后，在领里上口缉 0.1cm 边线，压住缝份。沿领边熨烫平整
3	烫衬条	前片（反面）	前、后领圈粘 0.6cm 宽衬条，避免领圈变形
4	拼肩缝	前片（反面）	后领开口完成后，将肩缝拼合后再将缝份锁边处理
5	绱领	前片（正面）	沿领口绱领，缝份 0.8cm 绱领完成后用斜纹包边条将缝份包捆（如大身有里料，将里料在领圈处拼合，不需包边条包捆）
6	缉包边条	前片（反面）	将包边后的缝份，翻折至大身反面，沿包边条缉 0.1cm 边线，固定在领圈大身上

续表

步骤	工艺内容	制作工艺图	缝制要点
7	熨烫	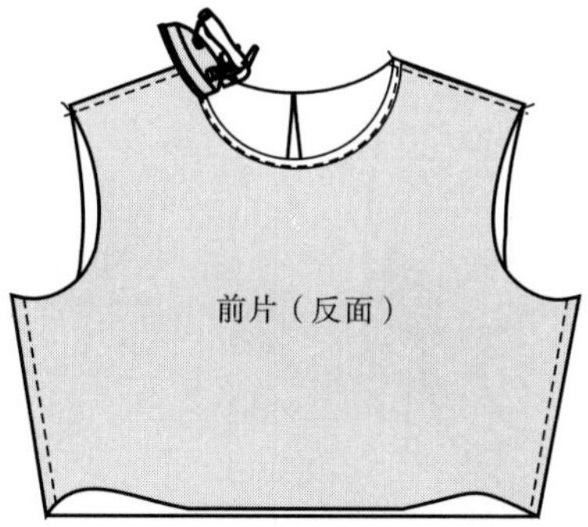 前片（反面）	反面朝上，将领圈置于烫凳上，沿领圈将边缘一周 熨烫平整
8	完成		两侧领角对称，自然窝服，不反翘。后开口位置居中，左右两边长短一致。领圈圆顺，左右对称

（二）有领贴领口

制作流程：粘衬→烫衬条→领贴拼接→拼肩缝→绱领贴→熨烫、钉针→完成。具体操作要点如表 6-11 所示。

表 6-11　有领贴领口缝制工艺步骤

步骤	工艺内容	制作工艺图	缝制要点
1	粘衬	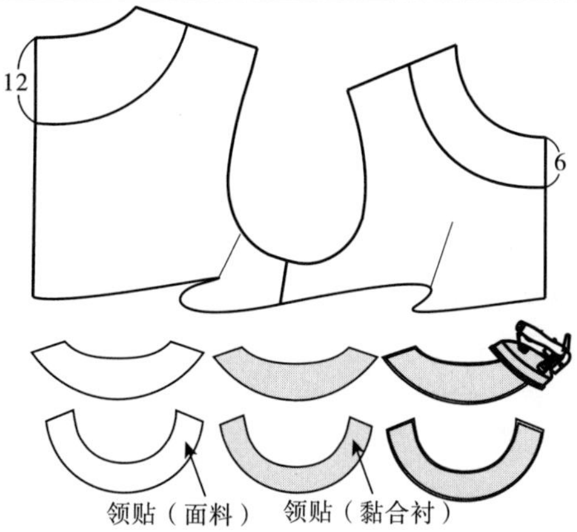 12　　　　　6 领贴（面料）　领贴（黏合衬）	在大身领口结构图中分割领贴纸样，后领贴高一般以超过前领深为宜 前、后领贴需粘衬，粘衬比面料四周窄 0.2cm 在领贴下口可用斜纹包边条包捆或锁边处理缝边（如大身有里料，领贴与里料拼合）
2	烫衬条	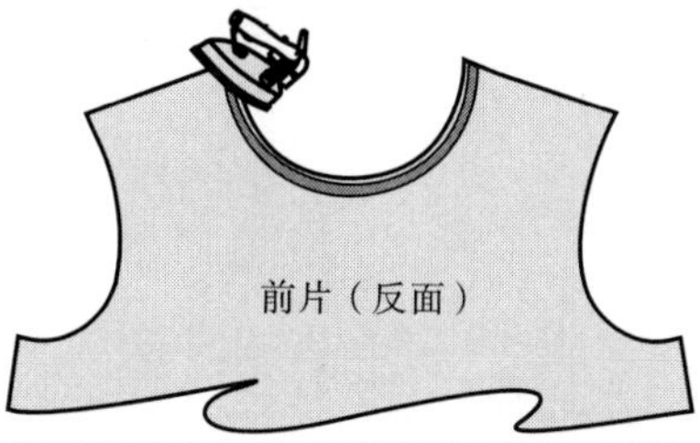 前片（反面）	沿前、后领圈粘 0.6cm 宽衬条，以避免领圈变形

步骤	工艺内容	制作工艺图	缝制要点
3	领贴拼接	领贴（反面）	前、后领贴正面相对，在肩缝处绲线拼接，将缝份分开熨烫平整
4	拼肩缝	前片（反面）	将前、后片肩缝拼接，并锁边处理缝份
5	绲领贴	领贴（反面） 前片（正面） 领贴（正面） 前片（正面）	将领贴与大身正面相对，沿领口边绲缝一周，缝份 0.8cm 将领贴向内口翻出，在领贴正面拼缝处绲 0.1cm 边线，固定缝份
6	熨烫、钉针	领贴（正面） 前片（反面）	将领圈置于烫凳上，沿领口一周熨烫平整，领贴不可反吐。领贴在肩缝位置与大身钉针固定，以避免领贴外翻

步骤	工艺内容	制作工艺图	缝制要点
7	完成		领贴不外吐，左右领圈圆顺、对称

（三）内包条领口

制作流程：烫衬条、包边条→拼肩缝→缉包边条→缉固定线→熨烫完成。具体操作要点如表 6-12 所示。

表 6-12　内包条领口缝制工艺步骤

步骤	工艺内容	制作工艺图	缝制要点
1	烫衬条、包边条	前片（反面）	前、后领圈粘 0.6cm 宽衬条，以避免领圈变形 烫包边条，先将两侧边折转 0.6cm 并烫平。再对折烫，下层需比上层宽出 0.1cm（如果采用专用缉包边的小工具生产，则不需熨烫）
2	拼肩缝	前片（反面）	前、后片正面相对，肩缝拼合，缝份进行锁边处理

步骤	工艺内容	制作工艺图	缝制要点
3	缉包边条	前片（正面）	大身正面朝上，将领口边夹进包边条内，包足缝份，沿边缉 0.1cm 边线 超过左肩缝 0.6cm 处起针缉缝，结束时平齐肩缝位置，将包边条末端反折进去藏在包边条内
4	缉固定线	前片（反面）	将包边条反折进大身反面，沿包边条缉 0.1cm 边线，将包边条固定在大身上
5	整烫完成		将领口熨烫平服。完成后领圈左、右需对称，0.6cm 边线宽窄一致，包边条宽窄一致，不起扭

五、腰头缝制工艺

（一）缉腰

制作流程：粘衬、包边→钉裤钩→腰面、里拼接→缉腰→腰头封口→压缉腰里→锁眼、打套结→完成。具体操作要点如表 6-13 所示。

表6-13　绱腰缝制工艺步骤

步骤	工艺内容	制作工艺图	缝制要点
1	粘衬、包边	黏合衬 腰面 腰里	腰面粘衬（如腰里较薄、软，也需粘衬），以增加挺括度 在腰里下口用斜纹里料包边，也可直接锁边处理布边
2	钉裤钩	右腰面（反面）　扣爪　垫布　垫布反折 左腰里（反面）　垫布粘衬	在裤钩位置加垫布（用里料），长6cm、宽3cm 右腰面钉扣环，左腰里钉钩环。裤钩钉过垫布后，垫布反折并绲线包住裤钩的扣爪 左腰里没有粘衬时，还需在裤钩位置加粘小方块黏合衬，以增加面料的牢固度
3	腰面、里拼接	腰里（反面）　腰面（正面） 腰面（正面）　腰里（正面） 0.6包边　腰面　腰里（正面）	腰里与腰面正面相对拼合，完成后打开，在正面腰里拼缝处绲0.1cm边线，固定缝份 腰面、腰里反面相对，将腰上口对折烫平整，要求腰里比腰面缩进0.1cm，不反吐腰里
4	绱腰	腰面（反面） 腰里（反面）	腰面与大身正面相对，在腰口绱缝，同时在指定位置将裤串带夹在缝份内，绱腰时，大身略有吃势。腰头与大身对位准确
5	腰头封口	腰里（反面）	在腰头两端封口，绲线需与门襟边顺直，缝份修剪后翻出
6	压绲腰里	腰面（正面）	在大身正面腰头下沿绱腰缝份，绲漏落缝固定腰里。压绲时，将腰里在底层理顺，左手按住腰面，右手将腰里朝后带紧（避免送布牙将腰里吃进，发生位移，使腰面起扭）

续表

步骤	工艺内容	制作工艺图	缝制要点
7	锁眼、打套结		在右腰头锁眼，左腰里相应位置钉纽扣（也可在钉裤钩时同时钉好纽扣） 在左腰头中间对齐门襟缉线位置，打套结 0.6cm，固定腰面、里（避免扣好裤钩时，左腰头反吐腰里）
8	完成		腰头顺直，腰面宽窄一致，面、里松紧适宜。左、右腰头高低一致，腰头扣好裤钩后，不外露里襟。门襟平服，拉链无起拱，门襟盖里襟适宜

（二）橡筋带腰

制作流程：腰头拼接→橡筋带与腰面缉缝→绱腰头→腰下口缉明线→完成。具体操作要点如表 6-14 所示。

表 6-14　橡筋带腰缝制工艺步骤

步骤	工艺内容	制作工艺图	缝制要点
1	腰头拼接		腰面正面相对，拼接。橡筋带两端缝份用搭缝的缝型（减少厚度）拼接
2	橡筋带与腰面缉缝		橡筋带与腰里料反面相对，距边缘留 1cm 空位（缝份），在腰里缉三条缝线固定（为使穿着时拉开不断线，一般用链式线迹缉缝）。橡筋带拉开弹力需均匀，拼接缝份相互对齐 将腰面反折，包住橡筋带，与腰里固定缉缝

续表

步骤	工艺内容	制作工艺图	缝制要点
3	缲腰头	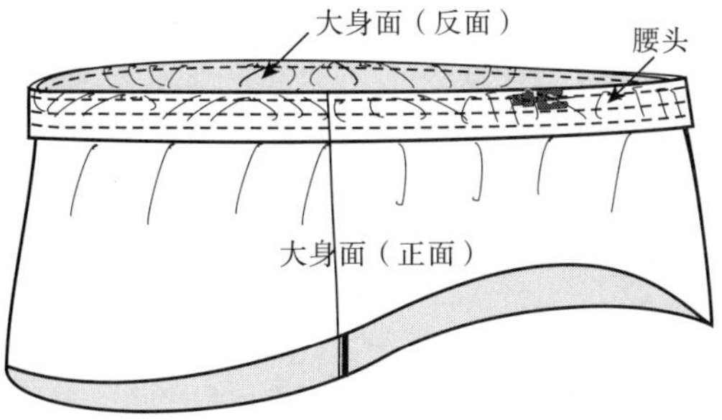 大身面（反面）　腰头 大身面（正面）	腰头与大身拼缝后一起锁边，腰头的拼缝接头位于后中缝处
4	腰下口缲明线	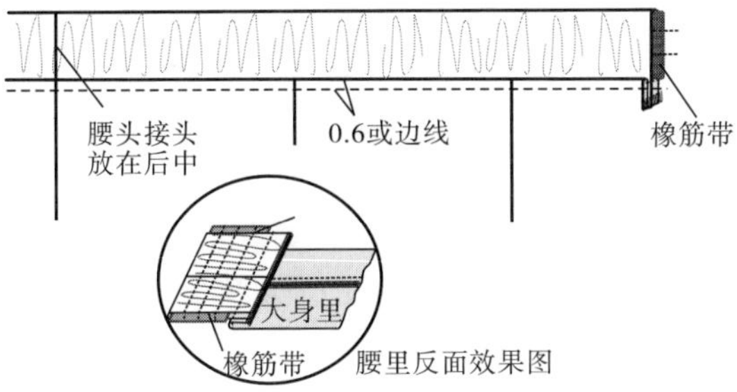 腰头接头放在后中　0.6或边线　橡筋带 大身里　橡筋带　腰里反面效果图	在大身腰下口缲0.6cm单线固定（轻薄面料也可以不缲线），缝份向下倒
5	完成	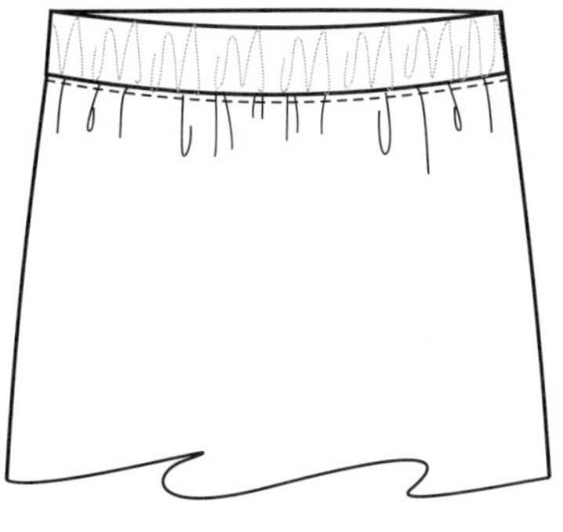	腰头顺直，腰面宽窄一致，面、里不起扭，橡筋带回缩后收褶均匀

六、纽扣、钉珠缝制工艺

（一）钉纽扣

制作流程：穿线→绕脚→打结→剪断→完成。具体操作要点如表6-15所示。

表6-15　钉纽扣缝制工艺步骤

步骤	工艺内容	制作工艺图	缝制要点
1	穿线	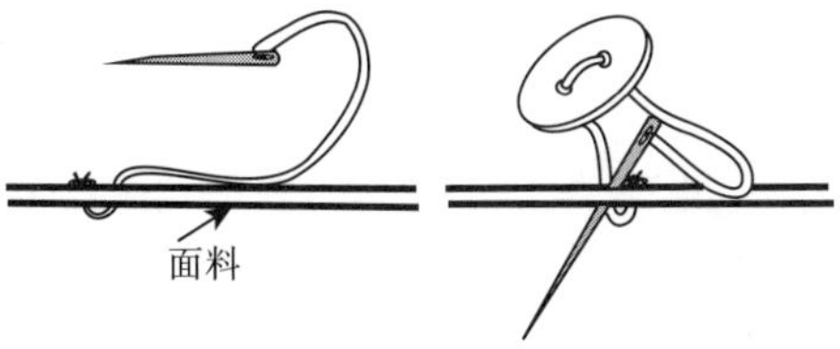 面料	在面料正面打结，线尾要放0.2cm，始终在起始钉线位置处，上下穿线，每孔要达到8股线

续表

步骤	工艺内容	制作工艺图	缝制要点
2	绕脚	根据面料厚度	多次穿线后，0.2cm 的线尾需夹在中间，外表看不出来。钉线松量高度要达到 0.2~0.3cm（按面料厚度）。缝线绕脚 3 圈（如果是装饰扣或薄面料不需绕脚），使纽扣立起来
3	打结		缝针穿过面料后，绕线两圈打结，再将缝针穿向反面，在面料底下再打一个结
4	剪断		缝线从穿线处穿过中间夹层 2cm（如果是浅色透色的面料，长度要放短）后剪断。把线头藏在面料中间，外表看不到线尾
5	完成	←右门襟 ←左门襟	打结牢固，绕脚紧实，松量与扣好后的面料厚度适宜

（二）钉珠

制作流程：穿线→穿珠→打结→剪断→完成。具体操作要点如表 6-16 所示。

表 6-16　钉珠缝制工艺步骤

步骤	工艺内容	制作工艺图	缝制要点
1	穿线	面料	用 4 股线，先打结穿过面料，线尾要放足 0.2cm，否则容易滑结。手针再穿过 4 股线的中间，使线头形成线圈（避免因面料纱支松散，结头透过面料纱线脱落）
2	穿珠		缝线穿过珠子（如果珠子个数较稀时，需每个珠子打结，如果是连续钉珠，每 2~3 个珠子打结，不需剪断线）

续表

步骤	工艺内容	制作工艺图	缝制要点
3	打结	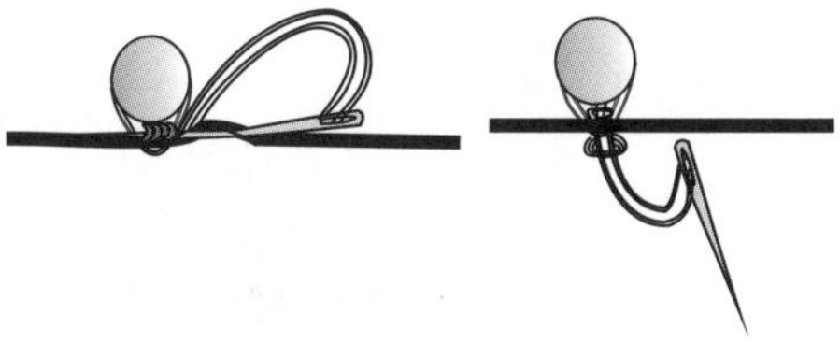	结束时，穿过面料 0.2cm，绕手缝针两圈打结。再穿过面料，靠近缝线在钉珠下打结，避免绕针打结滑脱
4	剪断	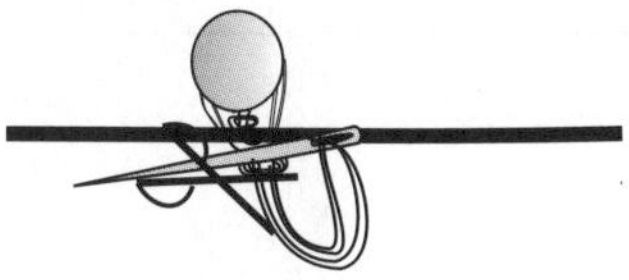	剪断缝线（如果是双层面料，需穿过面料中间层 2cm 后剪断缝线，把线头藏在面料中间）
5	完成	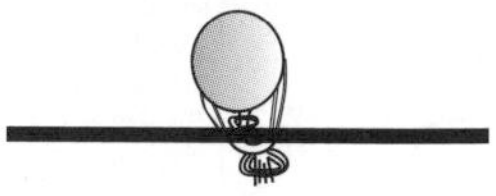	线头、尾打结牢固，穿线松量适宜，面料无起皱现象

（三）钉风纪扣

制作流程：留位置→定位→穿线→绕线→完成。具体操作要点如表 6-17 所示。

表 6-17　钉风纪扣缝制工艺步骤

步骤	工艺内容	制作工艺图	缝制要点
1	留位置	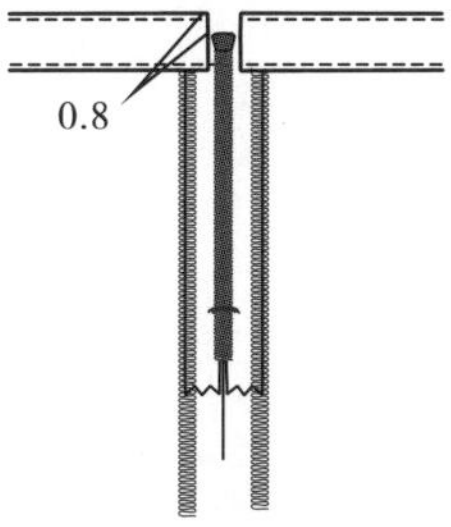 0.8	绱拉链时，顶端距衣片边缘 0.8cm 留空位，此为风纪扣的位置
2	定位	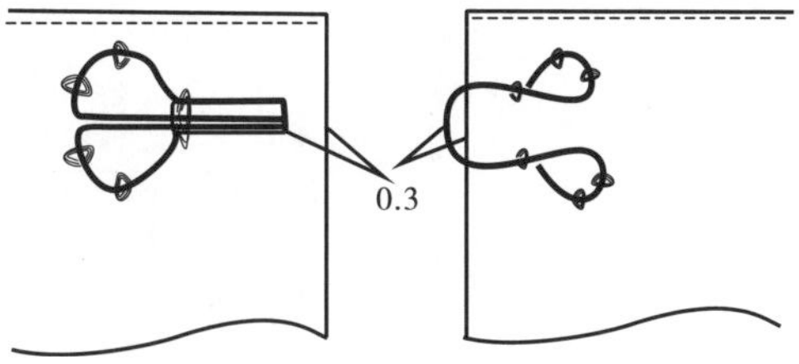 0.3	在开合部位的背面钉风纪扣，扣好后风纪扣需起到掩襟重合作用。钩面缩进边缘 0.3cm，环面突出边缘 0.3cm
3	穿线	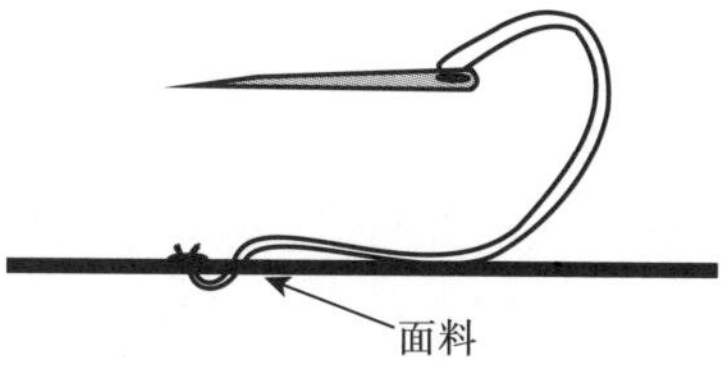 面料	用 4 股线，先打结穿过面料（线尾要放足 0.2cm，否则容易滑结）

步骤	工艺内容	制作工艺图	缝制要点
4	绕线		每处至少需穿过两次，达到 8 股线以上，缝线绕过金属环，形成线圈，并呈放射状。不要钉针在同一个点上，避免受力后撕破面料。在钩面钉针 5 处，环面钉针 6 处
5	完成		钩面与环面扣好后，大身平整，钉针打结牢固。左右高低一致，中间无空位

第七章　半身裙、连衣裙缝制实例

案例一　半身裙

（一）款式（图 7-1）

款式说明：中腰，裙长至大腿中部。下摆收窄，突出臀部。前、后片腰下收省，右侧装隐形拉链。此款采用高档呢料，合体板型，突出人体曲线。

图 7-1　款式图

（二）面辅料（表 7-1）

表 7-1　面辅料

类　型	使用部位	材　料
面料	大身、腰头	羊毛薄呢
里料	大身	210T 涤丝纺
黏合衬	腰里、下摆	50 旦有纺衬
定型衬条	腰里上口	0.5cm 宽有纺衬条
拉链	后中	3# 隐形尼龙拉链

（三）成品规格（表 7-2）

表 7-2　规格表（160/66A）　　　　　　　　　　　　单位：cm

序号	部位	规格	档差	序号	部位	规格	档差
1	后中长	42	1	4	摆围	89	4
2	腰围（W）	68	4	5	右侧拉链长	20	0.5
3	臀围（H）	93	4	6	腰宽	4	0

（四）样板图（图7-2）

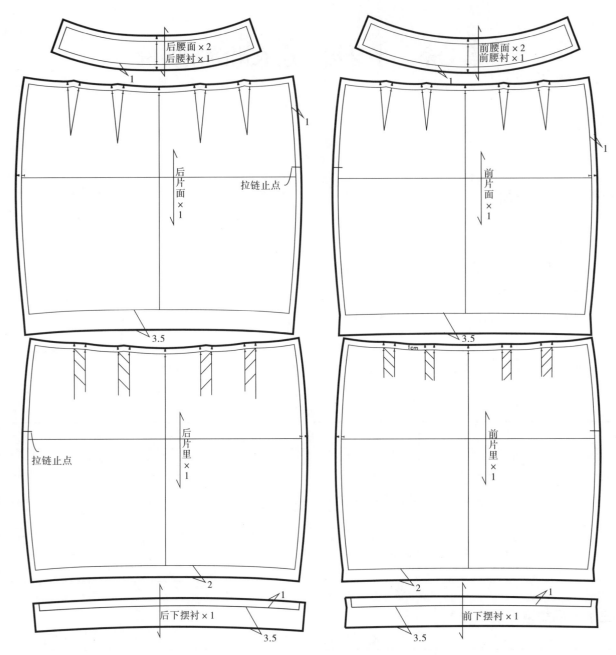

图7-2　样板图

（五）缝制工艺流程（表7-3）

表7-3　缝制工艺流程

序号	工序	机器	针号	缝线颜色	针距（针/3cm）	机缝要求
1	打线钉	手缝	小号	白色		用棉线，外露3cm
2	粘衬、定型条	粘衬机、熨斗				温度合适
3	烫腰头、下摆	熨斗				按形状
4	缉烫省、褊	平缝机	11	大身布色	13	按所需位置

序号	工序	机器	针号	缝线颜色	针距（针/3cm）	机缝要求
5	拼缝、熨烫	平缝机、熨斗	11	大身布色	13	缝份宽1cm
6	做腰头、缩腰	平缝机	11	大身布色	13	缝份宽1cm
7	绱拉链	平缝机	11	大身布色	13	表面平整，无卡、露牙
8	套里料	平缝机	11	大身布色	13	缝份宽1cm
9	压缉腰里（覆腰）	平缝机	11	大身布色	13	腰面不露线，腰里边线宽窄一致
10	检查、整烫	熨斗				外表平整、左右对称

（六）缝制工艺步骤（图7-3）

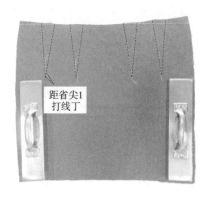

①打线丁

裁剪后，在所需缉缝的省位，距省尖1cm处穿过上、下面料打线丁

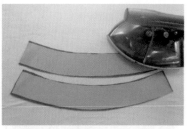

②粘衬

在腰里、下摆粘衬，增加挺括度、保型。腰头黏合衬要比面料四周缩进0.2~0.3cm

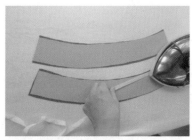

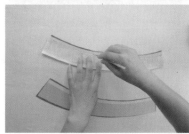

③粘定型条、画线

由于此款是弧形腰头，为使不易变形，要在腰里上口粘定型衬条。为保持腰头弧形的精确度，将腰头净样（无缝份），在腰里上口画出形状

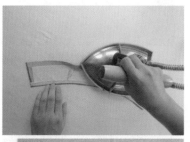

④扣烫

在腰下口扣烫缝份（方便装腰头缉漏落缝时，腰里边线能够宽窄一致）。扣烫下摆折边，保持下摆的形状

图7-3

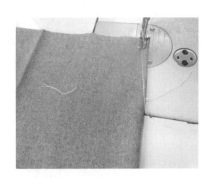

⑤面缉省

面料在省缝位置正面对合，按线钉指向缉省。缝合起始端要回针固定，末端不用来回针缝，缉空针留 0.6cm 长线尾

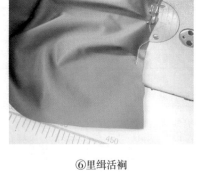

⑥里缉活裥

里料按剪口标记，在腰口缉顺风裥，裥倒向裙中。

⑦烫省、裥

裙面烫省时，将裙片垫在圆弧形烫凳上烫平服，省缝倒向后中，省尖处不可起窝、有死痕。裙里平铺，将固定的裥位整理顺直后在腰口处压烫平服

⑧拼后中缝、侧缝

左、右后片正面相对、上下对齐，按装拉链的起始标记缉缝后中。后中缝合后，前、后片正面相对，将侧缝拼合。起始、结束要回针固定。裙面、里料均按以上步骤操作

⑨烫缝

将各条拼缝分别烫平整。注意后中缝由于装拉链，需分开缝

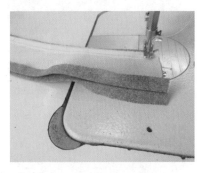

⑩拼接腰头

腰面、里，分别将前、后腰头正面相对，在左侧缝拼接（右侧缝开口装拉链）。拼接后缝份烫开。腰面、里均按以上步骤操作

⑪腰口拼接

前、后片在侧缝拼接完成后，将腰面、里正面相对，腰里在上，腰面在下，在腰头上口拼接

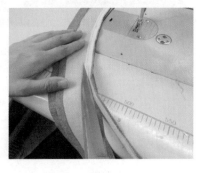

⑫修剪

为减少腰头内缝份厚度，将内缝份修剪成高低缝，腰面为 0.6cm，腰里为 0.3cm

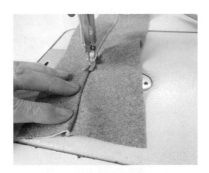

⑬ 腰口缉边线

腰面、里拼合完成后平铺打开，沿腰里正面拼缝处缉 0.1cm 边线反面缉边线，固定内缝份

⑭ 烫腰口

腰面、里反面相对，腰上口对折。腰里在上，沿腰口边烫平整，要求腰里比腰面缩进 0.1cm，不反吐腰里

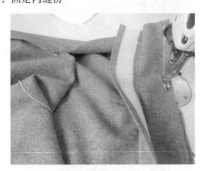

⑮ 绱腰

腰面与裙身正面相对，将腰面绱在裙身上。绱腰时，大身略有松势，腰头与大身标记对位准确

⑯ 烫拉链

将拉链拉至底部，反面朝上，进行拉链布带熨烫。将卷起的牙链烫平，方便缝合，同时进行热缩与烫平，使成品平整

⑰ 右侧绱拉链

将拉链头拉至最底部，用单边压脚或专用隐形拉链压脚进行缝合。先在右侧边开始，从腰头向下，到超过开衩止点 1cm 左右结束（订购拉链时，拉链长度应长于开衩 3cm）。缝合时面料需略有吃量，以避免拉链起拱

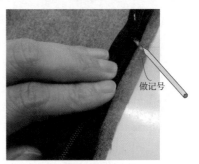

⑱ 拉链位置定位

将拉链头向上拉合，左、右布带合拢。按照开衩止点、腰头拼缝位置，分别将左拉链布带与右拉链布带对齐，做好对位标记

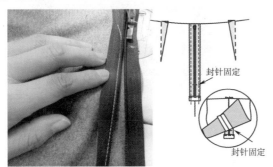

⑲ 左侧绱拉链、封口

拉链拉至最底部，从下口到腰口，缝合左侧拉链布带，吃量同右侧效果，避免左右有长短。在开衩止点处，用金属卡头固定或手工封针固定，避免绱合时拉链头冲破面料的拼缝

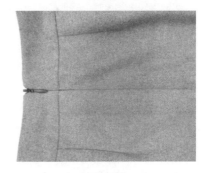

⑳ 检查拉链

将拉链的拉链头从底端牙链中间拉出，出现在面料正面。检查面料是否松紧一致、吃量均匀，拉链不可卡链牙，正面仅能看到拉链头（不可外露牙链），否则需进行返修

图 7-3

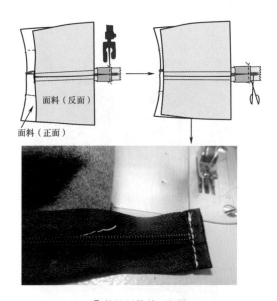

面料（反面）

面料（正面）

㉑ 拉链尾修剪、包尾

拉链尾留 1.5cm 长，多余的长度剪掉。在拉链齿末端用薄的里料对折，将拉链尾进行包缝（避免链牙刺皮肤）

㉒ 下摆套里料

在下摆处，将里料与面料正面相对绱缝。缝合时，面、里裙身侧缝对位准确

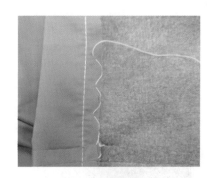

㉓ 缲边

裙面下摆边反折，按烫折线的平整效果，沿缝份边与大身缲边固定

㉔ 腰头封口

拉链上口布带平齐腰口边缘反折，将腰里两端封口

㉕ 拉链位、腰口套里料

在拉链开衩处，大身在上，里料在下，将裙里与拉链布带拼合（用 0.5cm 宽压脚）。将裙里在腰口处拼合，裙面在上，裙里在下，反面与反面相对，在腰口沿绱腰缝缉缝固定。裙面的省位与裙里的裥位需对位准确。在拉链两侧留 10cm 长不固定，作为翻衫口（预留的口能将裙子翻出正面）

㉖ 压缉腰里前检查

将裙身从腰头翻衫口翻出后，将前后腰头整理平齐、方正，进行产品质量检查。腰头要左右高低一致，拉链平服、拉合顺滑、无卡齿。里料平整，无起扭，松量适宜

㉗压缉腰里覆腰

检查合格后，裙面朝上，沿绱腰缝份压缉漏落缝，同时将翻衫口封住。压缉时，将腰里在底层理顺，左手按住腰面，右手不时将腰里朝后拉一下，避免送布牙将腰里吃进，发生位移，使腰面起扭

㉘整烫、检查

完成后，将整件裙整烫平服。腰头要平整，弧形圆顺。所有缝份顺直、平整，左右裙片对称

图 7-3　缝制工艺步骤

案例二　连衣裙

（一）款式

款式说明：圆领、短袖，腰部上下拼接。前胸有腋下省，前、后腰节收腰省，裙长至膝盖上部，后中装隐形拉链，穿脱方便。合体基础款，款式简洁大方（图7-4）。

图 7-4　款式图

（二）面辅料（表7-4）

表 7-4　面辅料

类　型	使 用 部 位	材　料
面料	大身、袖	涤纶仿麻
里料	大身	210T 涤丝纺
定型衬条	领口、袖窿	0.5cm 有纺衬条
拉链	后中	3# 隐形尼龙拉链
风纪扣	后中	1# 风纪扣

（三）成品规格（表7-5）

表7-5　规格表（160/84A）　　　　　　　　　　　　单位：cm

序号	部位	规格	档差	序号	部位	规格	档差
1	后中长	82	2	7	袖窿围	46	1.5
2	肩宽（S）	37.5	1	8	袖长	19	0.5
3	胸围（B）	90	4	9	袖口围	32.5	1.2
4	腰围（W）	73	4	10	后中拉链长	34	1
5	摆围（面）	101	4	11	领宽	18.5	0.5
6	摆围（里）	102	4	12	前领深	10.5	0.3

（四）样板图（图7-5）

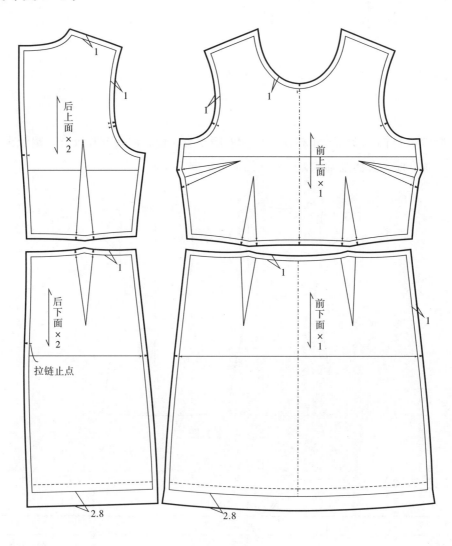

图 7-5 样板图

（五）缝制工艺流程（表 7-6）

表 7-6 缝制工艺流程

序号	工序	机器	针号	缝线颜色	针距（针 /3cm）	机缝要求
1	打线丁	手缝	小号	白色		用棉线，外露 3cm
2	粘衬、定型衬条	粘衬机、熨斗				温度合适
3	缉烫省、裥	平缝机、熨斗	11	大身布色	13	按所需位置
4	拼缝、锁边	平缝机、锁边机	11	大身布色	13	缝份宽 1cm
5	拼领口	平缝机	11	大身布色	13	表面平整，无卡、露牙
6	拼上下裙片、锁边	平缝机、锁边机	11	大身布色	13	缝份宽 1cm
7	装拉链	平缝机	11	大身布色	13	缝份宽 1cm

序号	工序	机器	针号	缝线颜色	针距（针/3cm）	机缝要求
8	后拉链套里料	平缝机	11	大身布色	13	缝份宽1cm
9	绱袖子	平缝机	11	大身布色	13	腰面不露线，腰里边线宽窄一致
10	袖口、下摆卷边	平缝机	11	大身布色	13	按所需宽度
11	打线襻、钉风纪扣	手缝	小号	大身布色		打结需牢固
12	检查、整烫	熨斗				外表平整、左右对称

（六）缝制工艺步骤（图7-6）

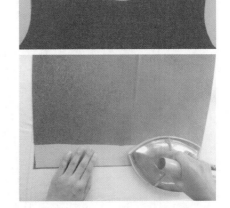

①打线丁

裁剪后，在上下裙片所需绱缝的省位，距省尖1cm处穿过上下面料打线丁

②粘衬、定型衬条

在下摆折边位置粘衬，增加挺括度、保型。在领口、袖窿距边0.3cm处粘定型衬条，注意弧形需圆顺，松紧适宜

③绱省缝、活裥

面、里料在省缝位置正面对合，按线丁指向绱省。缝合起始端要回针固定，末端不用来回针缝，绱空针线尾留长0.6cm。下裙里在腰口按剪口标记绱顺风裥，裥倒向裙中

④烫省、裥

烫省时，将裙片垫在弧形烫凳上烫平服，省尖处不可起窝、有死痕。下裙里平铺，将固定的裥位整理顺直后在腰口处压烫平服

⑤拼缝、锁边

　　将面、里料的肩缝、后中缝、侧缝、袖缝分别拼合。注意后中位置为装拉链需按所需标记位置起始拼合。此款下摆为活里，所有缝份拼合后均需锁边

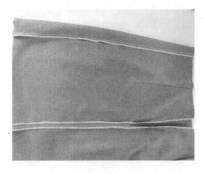

⑥烫缝

　　将各条拼缝分别烫平整。注意后中缝由于装拉链，需分开缝。里料侧缝需有 0.2cm 的松量（眼皮）

⑦拼领口

　　上片面、里在领口处正面相对，面料在上，沿领圈缝合一周，对位标记需准确。注意距后中两侧要有 2.5cm 空位不要绱缝，方便装拉链

⑧修剪

　　为减少厚度，将领口内缝份修剪成高低缝，面料为 0.6cm，里料为 0.3cm

⑨领口绱边线

　　面、里领口拼合完成后平铺打开，正面朝上，沿领圈缝份，在里片上绱 0.1cm 边线反面绱边线（助止口线），固定内缝份

⑩烫领口

　　里料在上，按领圈形状，沿领口边烫平整，要求里料比面料缩进 0.1cm，不反吐

⑪拼上、下裙片

　　将上、下裙片在腰节处拼接，锁边后将腰节烫平整，内缝份向上倒

⑫烫拉链

　　将拉链头拉至底部，反面朝上，进行拉链布带熨烫。将卷起的牙链烫平，方便缝合，同时进行热缩，使成品平整

图 7-6

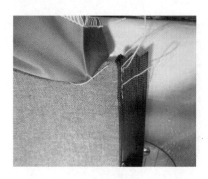

⑬ 右侧边绱拉链

将拉链拉头拉至最底部，用单边压脚或专用隐形拉链压脚进行缝合。先从右侧边距领口 0.5cm 处（钉风纪扣需要）开始，到超过开衩止点 1cm 左右结束。绱拉链时，在后背部位的大身有少许吃量。将腰节处大身拔开，使腰节贴体。距腰节拼缝处的绱缝线迹要离开牙链 0.15cm，避免缝线太近拉头卡住

⑭ 拉链位置定位

将拉链拉头向上拉合，左右布带合拢。分别在左拉链布带上，按开衩止点、腰头拼缝位置，与右拉链布带对齐，并做对位标记

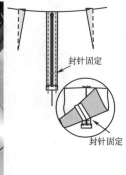

封针固定

封针固定

⑮ 左侧边绱拉链、封口

拉链拉至最底部，从下口到领口，缝合左侧拉链布带，吃量同右侧边效果，避免左右长短不齐。在开衩止点处，用金属卡头（下止动件）固定或手工封针固定，避免拉合时拉链头冲破面料的拼缝

⑯ 检查拉链

将拉链的拉链头从底端链牙中间拉出，置于面料正面。检查面料是否松紧一致、吃量均匀，不可卡拉链头，不外露链牙，左、右腰节高低一致，否则需进行返修

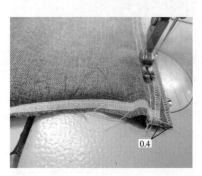

0.4

⑰ 开衩套里料

在拉链开衩处，里料在下，大身在上，将裙里开衩与拉链布带拼合（用 0.5cm 宽的压脚）。注意靠近领口时，里料缝份需宽出 0.4cm（链牙宽度）

⑱ 领口封洞

领口位置拉链反折在里层，面料朝上，沿领圈将领口预留的 2.5cm 的洞封好。注意，领口左、右高低需一致

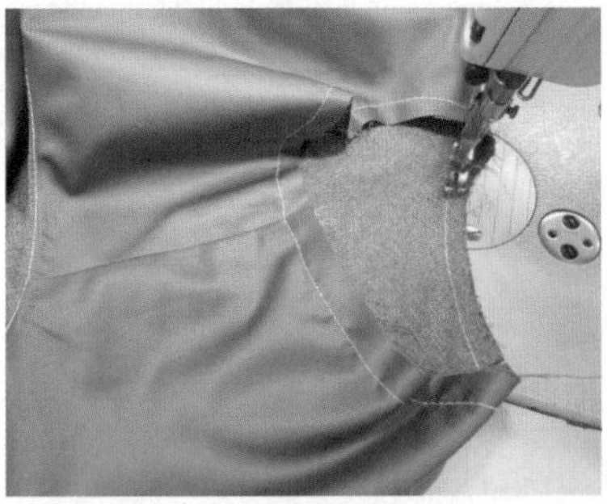

⑲ 袖窿固定

整件裙从下摆底边处翻出正面，将袖窿面、里整理平整，对合整齐后，沿袖窿一周沿边缘缉线固定。注意，里料比面料略有松量，表面不起扭、不紧绷。缝份 0.8cm

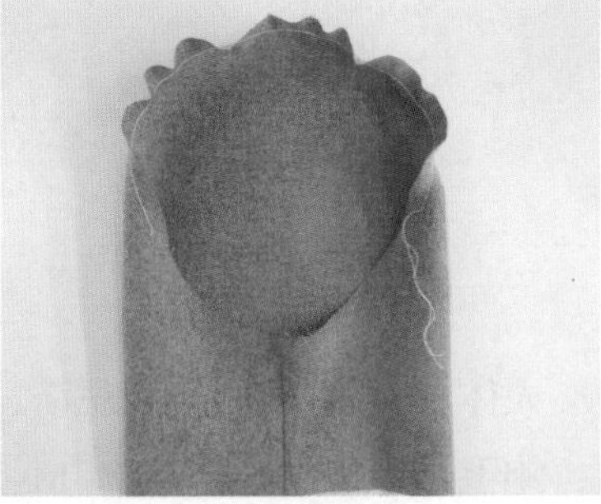

⑳ 袖山收缩

将面线调紧，针距调稀，沿袖山头缉缝。利用线迹收缩张力，达到将袖山吃量固定的作用

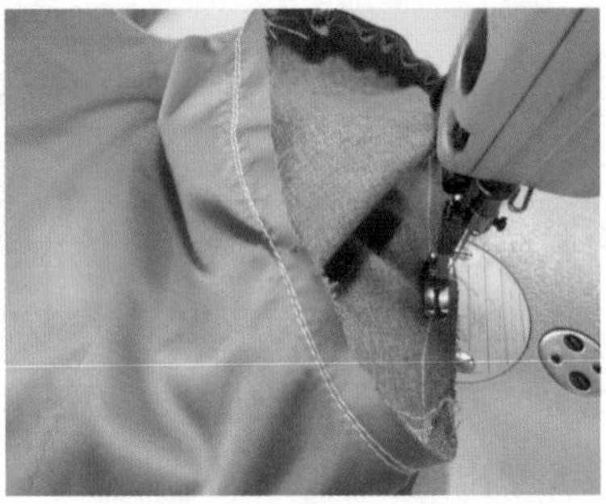

㉑ 绱袖

将袖山与袖窿对位标记对准，袖子缝合在袖窿上，缝份 1cm。袖山头要饱满，吃量均匀。检验合格后袖窿缝份锁边

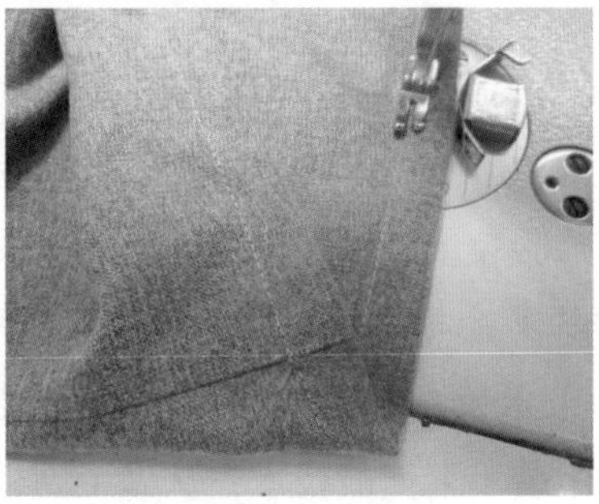

㉒ 袖口、下摆卷边

袖口、下摆反折卷边。也可以锁边后缲边处理

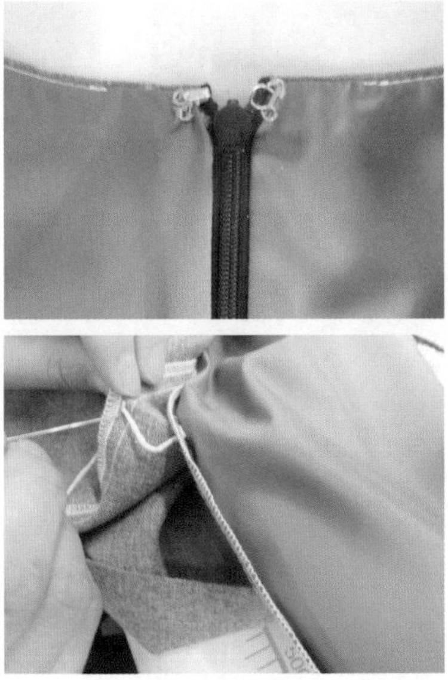

㉓ 打线襻、钉风纪扣

裙里下摆向上 3cm, 在侧缝处拉 5cm 长线襻固定面、里料。后领口位置，钉风纪扣。左侧为钩面，右侧为环面，扣好后，领口平整，左右高低一致，中间无空位

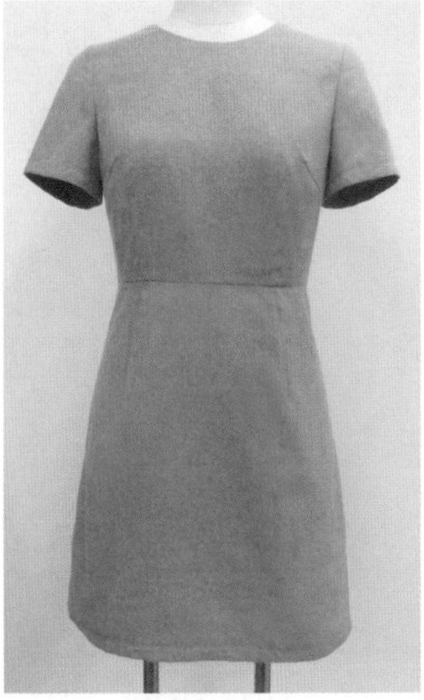

㉔ 整烫、检查

整件裙整烫平服后检查，所有缝份需顺直、平整，左右对称，里料不起吊

图 7-6 缝制工艺步骤

参考文献

［1］中泽 愈．人体与服装［M］．袁观洛，译．北京：中国纺织出版社，2000.

［2］朱秀丽，鲍卫君．服装工艺基础［M］．杭州：浙江科学技术出版社，1999.

［3］中屋典子，三吉满智子．服装造型学 技术篇Ⅰ［M］．刘美华，孙兆全，译．北京：中国纺织出版社，2005.

［4］中华人民共和国工业和信息化部．FZ/T 73026—2014．针织裙、裙套［S］．北京：中国标准出版社，2015.

［5］中华人民共和国工业和信息化部．FZ/T 81004—2012．连衣裙、裙套［S］．北京：中国标准出版社，2013.

［6］刘瑞璞．服装纸样设计原理与应用．女装编［M］．北京：中国纺织出版社，2008.

［7］卜明锋，罗志根．服装精确制板与工艺：棉服·羽绒服［M］．北京：中国纺织出版社，2017.

［8］金枝，王永荣，卜明锋，等．针织服装结构与工艺［M］．北京：中国纺织出版社，2015.

［9］刘霄．服装工艺实战技术：从做工到标准［M］．上海：东华大学出版社，2016.

附录一　半身裙、连衣裙板型修正

一、服装疵病修正的步骤和方法

（一）正确地穿着服装

（1）穿着者应站立在距试衣镜1m左右的地方，双手向后下方直伸，以便于穿衣，穿着后应以自然姿态站立。

（2）检查者应站立在穿着者的背后0.5m左右的地方，双手拎住衣服的领襟，顺着穿着者后伸的双手，对准袖窿将衣服向上提拉，待衣服的肩部和衣领部位穿好后，从前面用双手拎住领襟，使衣服顺直、平服，各部位都能自然地贴合人体。

（二）全面认真地观察

服装穿着妥当后，便可做全面的观察并作好记录。不仅要观察服装的外观形态，而且要观察穿着者的体型，保证服装的所有部位一个不漏地观察到。

观察服装的外观形态应按领部位→前身部位→肩部位→衣袖部位→后身部位→侧缝部位的顺序进行。具体部位的观察也要按前面→后面→侧面的顺序进行。

观察穿着者的体型应按正面、背面和侧面的顺序进行。

（三）分析疵病产生的原因

1. 服装方面

（1）衣片结构是否符合人体，衣片裁剪时有否考虑穿着者的体型特征。

（2）缝制有否偷工减料，违反操作规定。是否考虑面辅料的性能特殊性。

（3）熨烫方法是否正确，熨烫温度是否适合面辅料的特性。

2. 穿着者方面

（1）是否由于季节变化，穿着者内衣的层次有增减，从而造成围度和长度的变化。

（2）穿着者某些部位的穿着有否变化，如当初量体时未穿文胸而试衣时穿了，量体时穿低领毛衫而试衣时穿高领毛衫等情况。

（四）审慎地进行补正

（1）按照分析得出的疵病原因，特别是结构上的疵病，应尽可能地将服装套在人体模型上或人体上，试用大头针别、用手提拉等形式，看能否消除疵病。如果能消除，说明分析是正确的；反之，则有重新分析的必要。

（2）拆开疵病部位的缝线，用划粉进行补正，然后用大头针或线进行假缝（即临时性的简单缝合），观察其外观形态。如疵病确已消除，便可进入实缝阶段，如效果还不甚理想，可拆去假缝再进行试穿，直至满意为止。

（3）按假缝的处理方式对疵病部位进行实缝、熨烫，剪去多余缝份，并穿在人体上最后审视补正效果。

下面以常见的板型疵病，进行板型修正举例。

二、半身裙板型修正

（一）侧边腰下起吊（附图1-1）

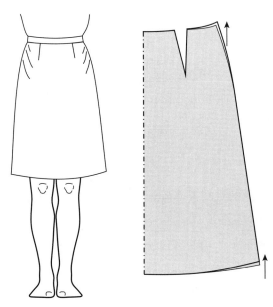

附图1-1　侧边腰下起吊

问题说明：腰下两侧起吊，出现皱纹。

板型调整：侧边起翘量不够，尤其下摆略宽大的裙形易出现。需加大裙腰上口的起翘量。

（二）臀部绷紧（附图1-2）

问题说明：以两臀为中心，出现皱纹。

板型调整：臀围尺寸不够。腰省量加大，臀围尺寸加大。

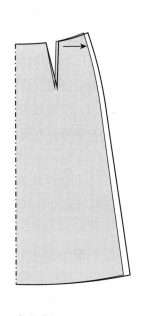

附图1-2　臀部绷紧

（三）后腰下横向多量（附图 1-3）

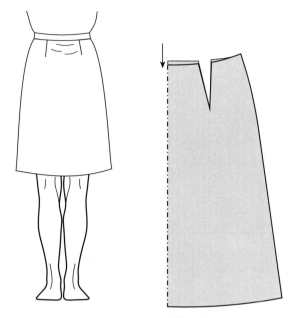

附图 1-3　后腰下横向多量

问题说明：后腰下有下落的多余松量。

板型调整：后裙腰上口偏高，需将后中下落。

（四）裙身纵向多量（附图 1-4）

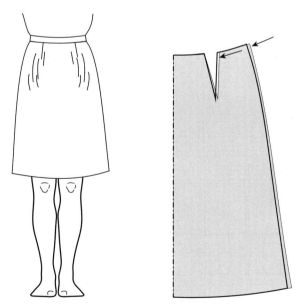

附图 1-4　裙身纵向多量

问题说明：裙身不合体，有多余松量。

板型调整：臀部围度偏大，腰省量偏大。需将臀围尺寸减小，腰省量减小。

（五）下摆波浪聚集在两侧边（附图 1-5）

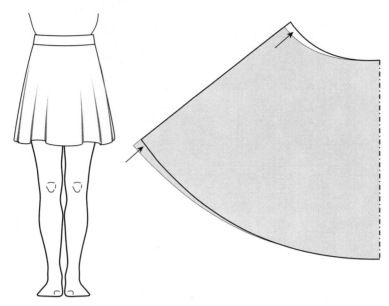

附图 1-5　下摆波浪聚集在两侧边

问题说明：下摆波浪不均匀，聚集在两侧边。

板型调整：增加裙腰上口的起翘量。下摆展开时，需在裙原型上均匀展开。

（六）腰头不下落，腰口下有多余量（附图 1-6）

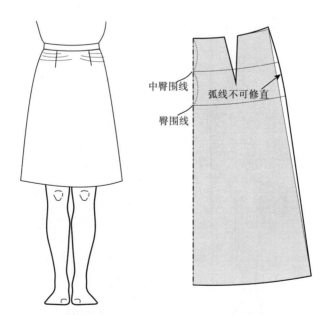

附图 1-6　腰头不下落，腰口下有多余量

问题说明：腰头不下落，有多余松量堆在腰部，腰、臀不合体。

板型调整：中臀围、臀围尺寸不够，需加大中臀围、臀围尺寸。此问题在 A 字裙中易出现，需在原型上合并腰省，在下摆没有足够展开的情况下，侧边弧形不要修直（中臀围不可小于原型尺寸）。

（七）腰头不贴体（附图1-7）

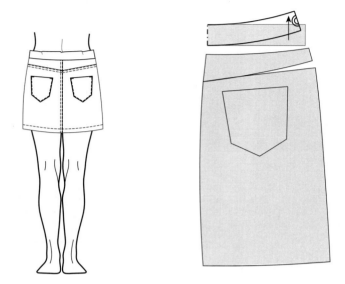

附图1-7 腰头不贴体

问题说明：后腰头上口不贴体，起空。

板型调整：腰头上口尺寸减小，腰头做成弧形。此类问题易在中低腰、宽腰头款式中出现，需在裙原型取腰头。

（八）后片不显臀（附图1-8）

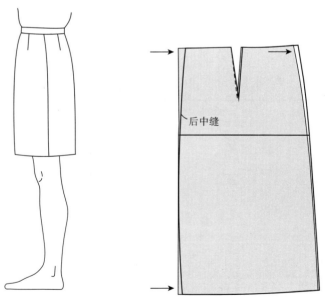

后中缝

附图1-8 后片不显臀

问题说明：裙子后片不贴体，臀部不饱满，不显臀型。

板型调整：后中增加劈势，增加腰省量。

（九）侧缝歪斜（附图1-9）

问题说明：裙子侧缝不顺直，侧缝上端向后倾斜。

板型调整：前、后腰省量分配要合理，后腰省要比前腰省大。前后腰围、臀围比例要协调。前、后侧缝弧度要尽量接近。

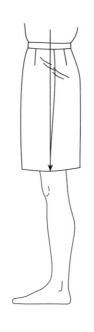

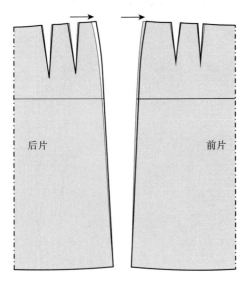

附图1-9　侧缝歪斜

三、连衣裙板型修正

（一）前领口起空（附图1-10）

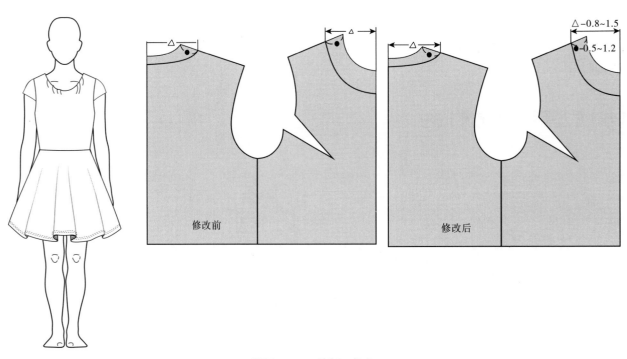

附图1-10　前领口起空

问题说明：前领口松弛，不贴体。

板型调整：无领，开口较大的款式，前领宽要比后领宽小0.8~1.5cm（每边）。

（二）领口里料外吐（附图 1-11）

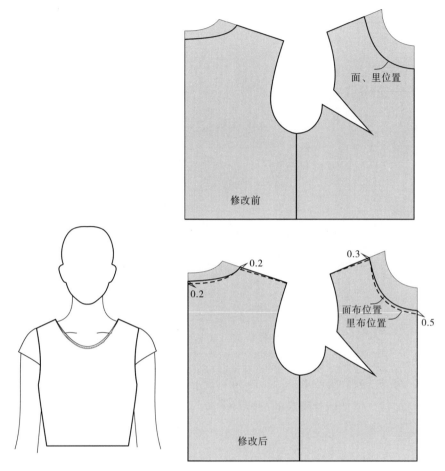

附图 1-11　领口里料外吐

问题说明：领口处面料下坠，里料外吐。

板型调整：

①由于里料较轻薄，面料相对稍厚重。受重力影响，领口面料下坠，里料外吐。将里料前领深下落0.5~0.6cm，后领深下落 0.2~0.3cm。

②里料比面料领圈长度小 0.3cm，缝制时做出里外匀（面松里紧）。

③领口缝份适当做小，弧形处略打剪口，使缝份不外翘。

（三）腰节线不水平（附图 1-12）

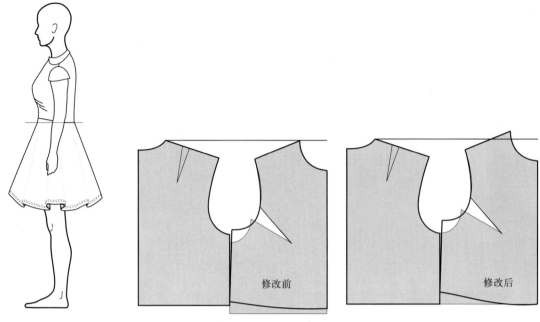

附图 1-12　腰节线不水平

　　问题说明：前中起吊，腰节线不水平。

　　板型调整：前身加长，增加前片腰节的起翘量。此问题在无胸省款多见，胸省转移时，前中长不可减短，处理好前、后身的平衡。

（四）后育克缝不水平（附图 1-13）

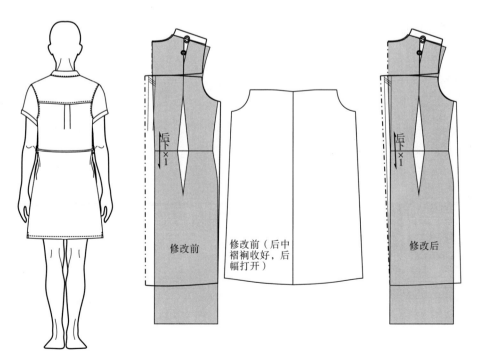

附图 1-13　后育克缝不水平

问题说明：后育克缝不水平，后中下垂，成 V 字型。

板型调整：将衣身上口褶裥向外展开，上端至下摆底边原中心线斜向连线，为展开后的中心线。布纹线平行于斜向的中心线。后中工字裥制作时应考虑到折叠后成品的效果，此类工字裥为上口折叠，下摆处消失。

（五）后中下摆外翘（附图 1-14）

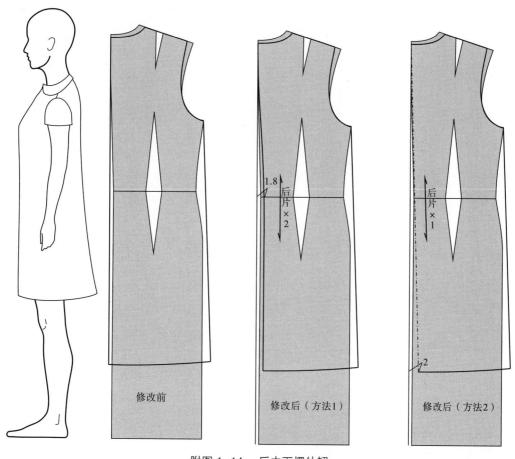

附图 1-14　后中下摆外翘

问题说明：后下摆不贴人体，外翘。

板型调整：

①后中有分割缝：从后腰到下摆收进，后背缝做成弧形。使后中线与人体吻合。缝制时底、面线调松，避免线缩起吊。

②后中无分割缝：从后领口至下摆底边缩进 2cm，作连线（实际效果是肩斜变斜，袖窿深加深，后中加长）。布纹线平行于后中连线。

（六）后腰多量、下垂（附图 1-15）

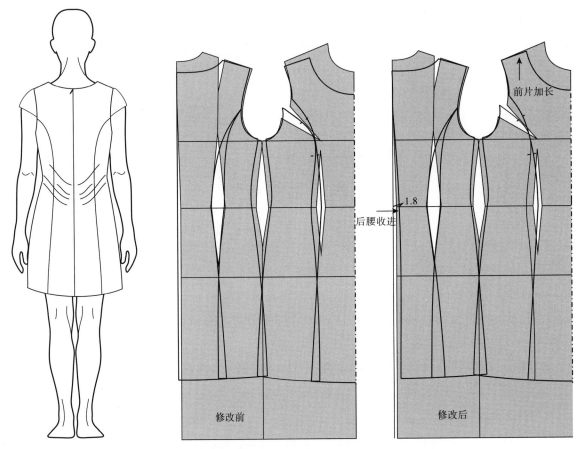

附图 1-15　后腰多量、下垂

问题说明：后腰不贴人体、后身下坠。

板型调整：

①前身加长，或后身减短。合体板型，前身要比后身长出 1.5~2cm。

②增加后中缝的收腰量，腰围做合体。

③后中装拉链，受拉链重力的影响，易出现下坠，堆在腰节位置。绱拉链时增加吃量，制作纸样时，故意减短后身长。

附录二　半身裙、连衣裙的熨烫、检验和包装

服装生产过程的最后阶段是后整理，主要在后整理车间进行熨烫、检验、包装等几项工作。

一、半身裙、连衣裙的熨烫

裙装产品的特点为款式变化大、面料使用丰富、立体感强，所以要根据面料特性、款式特点采取合适的熨烫设备（附图 2-1、附图 2-2），熨烫方法与熨烫温度，对产品的表面、内部接缝、边口、褶裥等进行熨烫。

附图 2-1　小型熨烫设备

以普通电熨斗为主，配以烫枕、喷水壶等。因较小巧，常用于机缝车间，主要对成衣的零部件、半成品进行熨烫。

附图 2-2　工业蒸汽熨烫设备

由锅炉（或蒸汽发生器）、吸风烫台、蒸汽熨斗组成全套整烫设备。利用锅炉或蒸汽发生器产生蒸汽，并通过熨斗底板喷到服装面料上，从而进行熨烫，再由吸风烫台吸风干燥定型。特点是质量稳定、生产效率高。

（一）熨烫操作方法

（1）色丁布类、缎类、绒面类，需手上带白色手套，可防止手上有汗渍弄脏面料。同时也避免指甲毛刺，产生面料勾纱现象。烫斗底部要光滑、无毛刺，烫台干净、无污渍。

（2）轻薄面料，缝份处整烫时不宜压的太死，防止外露锁边线印；熨烫时烫斗不能拖移，避免面料变形。

（3）真丝面料沾水后容易形成水渍，熨烫不要喷汽；熨烫时缝制部位要略拉伸，避免缝份起吊、收缩。

（4）款式有褶裥设计，通常工字裥压烫平服、顺直，但褶皱需采取"活烫"（称为"打汽"）。即熨斗离开织物适当的距离，打开喷汽开关，用适当的温度对所需部位进行喷汽。喷汽后双手迅速拉平进行吸风定型。不直接对衣服施加压力，防止有烫痕、不自然现象（附图2-3）。

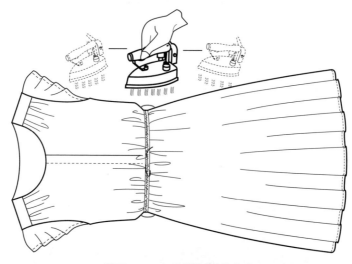

附图2-3　打汽熨烫操作方法

（5）经熨烫后光泽会消失的面料，不可熨烫；对不耐高温的特殊面料，需加垫布低温熨烫。一些丝绒面料，还需借助特殊设备（针板）进行操作，避免影响面料光泽、毛向。

（二）熨烫操作要求

各部位要平整，褶裥倒向自然，不可有烫皱、起泡、变色、极光、死痕、发白、烫焦、水渍、色泽不一、产品缩小、面料损坏等不良现象；内里缝份平服，倒向符合要求；黏合衬部位不可脱胶、渗胶、起泡、变色及起皱等现象；门襟顺直，拉链不起拱。

熨烫后要悬挂产品，通风晾干，保证不留有水汽，通常6小时后方可包装，必要时送抽湿房抽湿。

二、检验

在裙装生产过程中，从物料准备到成衣完成，每个环节都要检验，主要由生产质检部门完成，内容包括：面辅料、裁片的检验，缝制过程半成品的检验，后整理前的成品检验，成品出厂前的检验。

（一）常用行业产品执行标准

半身裙、连衣裙的产品执行标准，如附表2-1所示。

附表 2-1　半身裙、连衣裙产品标准

行业标准	当前版本	标准名称	行业标准	当前版本	标准名称
FZ/T 73026	2014	针织裙、裙套	FZ/T 81004	2012	连衣裙、裙套

（二）面辅料内在质量测试项目

内在质量，指物料或成衣本身所具有的物理化学属性，通常情况不能用肉眼直接判断，而要通过相关的实验仪器检测才可得知结果。主要涉及面料、里料、拼接、填充物等。

（1）面料、里料的主要检测项目：纤维含量、甲醛、pH、可分解芳香胺染料、色牢度（耐光、耐皂洗、耐水洗、耐汗渍、耐摩擦）、纰裂、起毛起球、撕破强力、勾丝性能等。使用 ≤ 52g/m2 轻薄面料，仅起装饰作用不考核纰裂性能。

（2）如果有填充物，需根据絮棉或羽绒所需的项目检测。

（三）相关外在质量检验要求

1. 面辅料

（1）材质：面辅料颜色材质和确认色卡一致，缸差不得偏离色卡，无疵点。

（2）色差：成衣表面部位色差不低于四级，无褪色、沾色及拼接互染。

（3）缝线颜色：缝纫线与面料颜色一致，或比面料颜色深半级，不可偏浅。

（4）缝线质量：线质好，不得有剥皮、断线现象。

（5）金属四合扣、铆钉：轻薄面料避免使用，否则需确保牢固性及穿着的舒适性。

（6）粘衬：成品后需粘衬部位与大身颜色一致，水洗测试后没有脱胶、气泡、渗胶等不良情况。

2. 裁剪要求（轻薄面料）

（1）布边起头需用手撕断开，不要用剪刀裁断，拖布前先校正面料的经、纬纱向，使面料成矩形，确保面料不纬斜。

（2）容易滑移的面料，铺布高度不能过高（ ≤ 6cm），裁剪台上先放一层薄纸，再铺面料，拉布时每隔 10~15 层布铺一层薄纸，并用布夹固定。

（3）裁剪后如果边缘易散纱，可以采用在四周喷发胶或衣片固定后在缝份处烫粘衬条。

（4）易散开的面料，裁片定位处不可打刀口或剪口。

（5）划样、点位不可用锥子点位，防止抽丝或断纱。建议采用肥皂定位或打线丁等方法；如需用褪色笔，生产前要做好测试，成品不能留有划样印迹。

3. 配饰

（1）绣花、印花：线头、反面衬纸要修剪干净，印花要求不露底、不脱胶、不粘手、不起泡、面料颜色透不到印花表面。

（2）毛条毛领：毛条毛领毛面大小、颜色、光泽不低于毛条毛领样品质要求。

4. 成衣生产

（1）缝制：选用适合面料最细的机针，针尖不可起毛刺，避免面料抽丝。生产轻薄面料时，缝纫机牙齿选用细牙，且要调低牙齿，避免面料有牙印。悬垂性较好的面料，为避免缝份起吊，要调松底、面线，缉缝时适当拉伸缝份。线迹要平整，无起皱、跳针、浮线、断线、不可修复的针眼、脏污、抽纱等。止口部位不反吐、左右宽窄一致，表面无接线、边缘固定线外露，无线毛头。

（2）缝份：各部位标准缝份 0.8~1cm，拼缝后固定线不外露。各部位缝制线迹顺直、整齐、平服、牢固、起落针要回针；进行拼缝强力测试，成衣拼缝用手绷开，拼缝无开裂，能满足实际穿着需要。

（3）修剪：轻薄或透出内缝份的面料，内缝份不能有宽窄、缝份修剪不能太窄，否则容易散边；双层面料内不能有杂物；不能随机打刀口。

（4）门襟：应顺直、平服、长短一致，门襟边宽窄一致，内门襟不能长于外门襟，有拉链嵌线的应平服、均匀、不起皱、不露牙。拉链布带生产前需拔烫，成品拉链宽度均匀、顺直、无起波浪，上下拉合顺畅。

（5）绱袖：袖山吃量均匀，如果袖山有抽褶，左右要对称。抽褶位置不要有牙印。两袖长短差不大于 0.5cm；袖口大小、宽窄一致，袖襻高低、长短、宽窄一致。

（6）无袖：袖窿滚边不起扭，包足缝份，袖窿左、右大小一致。内加贴边袖，贴边宽窄一致、平服，缲边针迹大小、深浅要均匀，不可影响成衣外观。

（7）绱领：领型效果符合要求。左右领尖要一致，领止口不反吐，领尖左右对称，面、里要平服且有里外匀，装领肩缝左、右要对称。领圈圆顺无起皱。

（8）无领：领圈包边或加领贴，包边缝份要包足，不能起扭，宽窄一致，领圈弧度要圆顺，斜丝处面料不能有拉开现象，领贴止口不能反吐。

（9）肩部：肩缝顺直、平服，两肩长短一致。

（10）侧缝：缝份顺直、平服，腰带襻水平、左右对称，松紧适宜。

（11）下摆：底边圆顺、平服、不起扭，不能拉伸（不可有荷叶边效果），止口宽窄一致；卷边时，折边不可起扭，圆弧左、右对称。大喇叭裙底边建议穿在人台上或用红外线修剪，以保持下摆底边水平。

（12）腰：腰头平整，腰边缲线宽窄一致，不滑针，不起扭；内缝修剪一致。

（13）袋：两袋进出高低互差不大于 0.3cm；袋口方正、平服、无露口毛脱；袋盖方正平服，前后、高低、大小一致。

（14）里料：各部位里料大小、长短应与面料相适宜，不吊里、不吐里。

（15）打套结：根据面料特性，一般主要受力部位需打套结，如插袋口、开衩处等。轻薄面料不需打套结，避免破损面料或勾纱、抽丝、起皱。

（16）毛向：面料有绒（毛）的，绒（毛）的倒向应一件一方向或整批同一方向。

（17）对条对格：对条、对格、对称图案及对称点，按照客户工艺要求为准。面料有明显条、格在 1cm 大小及以上的产品，常规对称及互差要求如附表 2-2 所示。

附表 2-2　对条对格规定

部位	对条对格规定	备注
左、右前身	条料对条，格料对横，误差 ≤ 0.3cm	格子大小一致，以前身 1/3 上部为准
袋、袋盖与前身	条料对条，格料对横，斜条料左、右对称，误差 ≤ 0.3cm（阴阳条格除外）	格子大小一致，以袋前部中心为准
领角	条格左、右对齐，误差 ≤ 0.3cm	阴阳条格以明显条格为主
袖子	两袖左、右顺直，条格对称，以袖山头为准，两袖互差不大于 1cm	
裙侧缝	侧缝对横，误差 ≤ 0.5cm	

注：特别设计不受此限。

（18）罗纹：有橡筋带线的一面靠人体，下摆处罗纹丝缕顺直。

（19）四合扣：位置准确，弹性良好，无脱落，不变形，不转动。

（20）尼龙织带、橡筋带绳：用电热剪裁断。

（21）布襻、扣襻类：受力较大，要回针加固。

5. 后道处理

（1）清洁：成衣表面清洁，无油污、脏污、粉印、笔印；线头、缝头布丝外露等清除干净，无残留。

（2）整烫：成衣表面无整烫水印、极光、烫黄。

（3）异物：成衣内无漏检的贴纸、胶带、剪刀等。

（4）检查标识：合格证上的面、里料成分、款号、色号、尺码信息、商品编码、ERP 条码、检验号要正确，并与洗水标上的款号、面里料成分等标识保持一致。

（四）成品外观检验

1. 检验环境要求

（1）标准检验台高为 80cm，检验时以站姿为标准；检验台桌面保持干净、光滑，边沿无毛刺。

（2）检验光源为人造日光灯（D65 光源），并达到最小 1000lux（勒克斯）的亮度。灯源距检验台 1~1.5m。如果检验场所光线不足，容易造成色差不能及时发现，产生不可弥补的损失。

（3）几种颜色的产品不能在一张检验台上同时检验。

（4）轻薄面料，检验人员不能带戒指，手指甲要保持光滑，避免面料勾丝（必要时戴手套操作）。

2. 半身裙外观检验实例

成品外观质量的检验内容涉及广泛，根据实际操作步骤，通常检验的顺序为：整体外观→前幅→前腰→前门襟→前口袋→后幅→下摆→左、右侧缝→里、面腰头→商标、洗水标→内里→品质判定，可参考以下检验步骤及方法（附表 2-3）。

附表 2-3 成品检验步骤及方法

序号	检查内容与图示	检查方法
1	整体外观 	（1）抓住两侧腰头或将裙穿在人台上，查看裙的整体外观、前后幅是否平服 （2）水洗类产品要注意水洗后的风格和效果 （3）核对面里料及其他配料是否正确 （4）面料丝缕是否顺直，无布疵、色差、油渍、污渍、搭色、变形等，有倒顺毛、图案、条格的面料是否达到要求 （5）粘衬无脱落、变形、透胶、起泡、色差等现象 （6）有里料的款式，检查面料和里料长短是否适宜，无吊里、吐里、里料起扭等现象 （7）有填充物的是否均匀、平服，不可外露 （8）缉线松紧是否适宜，线色及规格是否符合要求 （9）整烫是否平服，无变形、死痕、烫焦、烫黄、漏烫等；成衣无异味

序号	检查内容与图示	检查方法
2	前幅 	（1）前幅在上，平铺于检验台。检查是否有布疵、色差、油渍、污渍、搭色等，有倒顺毛、图案、条格的面料是否达到要求 （2）有印花、绣花、烫钻、钉珠等，位置、线色是否正确，轮廓是否完整，品质效果是否达到接受标准 （3）拼缝是否顺直，缉线宽窄是否一致，线迹松紧是否适宜，无断线、开裂、针孔、跳针、滑针等 （4）检查所有辅料、织标、装饰标的位置是否准确 （5）对称部位是否一致 （6）整烫是否平服，无死痕、极光、漏烫、烫焦、烫黄、变形等
3	前腰 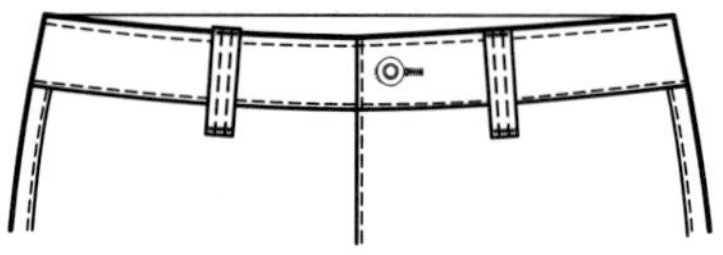	（1）左、右腰头是否圆顺、宽窄是否一致，有毛向、条格或图案的是否正确 （2）前中纽扣与扣眼是否吻合，位置是否正确。纽扣是否牢固，有无变形、掉色、脱落等；扣眼是否有跳针、散口、底面线不和等 （3）装腰是否顺直，橡筋带收缩是否均匀，缉线宽窄一致，线迹松紧是否适宜；无断线、开裂、针孔、跳针、滑针等；对称部位左右一致
4	前门襟 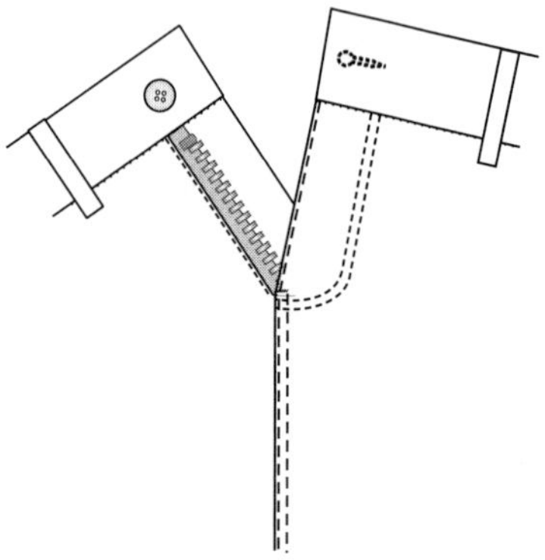	（1）有拉链的，拉开拉链，检查前门襟是否顺直，长短、宽窄是否一致，里襟及缉线不可外露 （2）拉链外露宽度、辑线宽度是否一致，拉合是否顺畅、平服，是否有拉齿脱落、褪色、夹住面料等 （3）门襟套结是否漏打、位置是否准确，钉扣要匹配、平服 （4）缉线是否顺直，宽窄是否一致，线迹松紧是否适宜，无断线、开裂、针孔、跳针、滑针等，线色及规格是否正确
5	前口袋 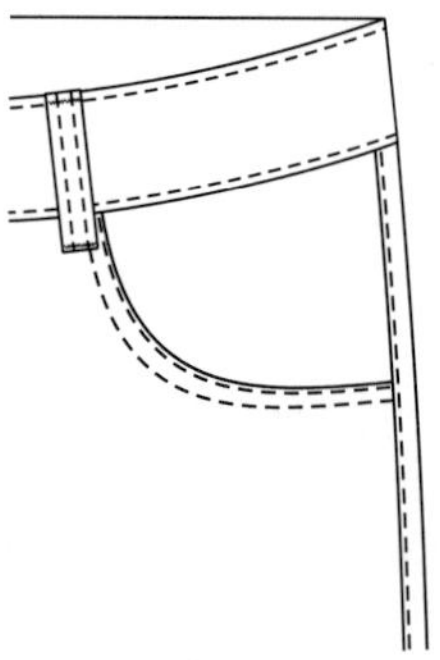	（1）检查袋口是否圆顺、平整，松紧是否适宜，左、右是否对称，口袋高低一致（特殊工艺除外） （2）检查线迹及针距是否符合要求 （3）五指张开检查左、右袋布是否平服，有无漏底、爆缝，袋布大小、深度是否合适，是否藏有垃圾等，袋布是否固定牢固
6	后幅 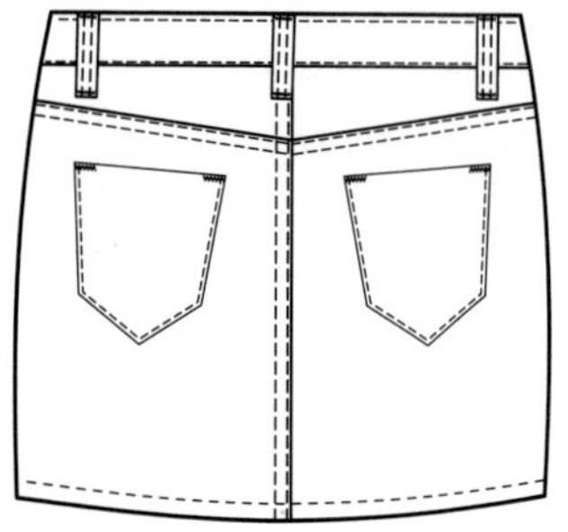	（1）将裙子翻转后幅，平铺检验台上检查是否平服、整洁，无开裂、断线、针孔、色差、污渍、布疵等 （2）腰宽窄是否一致。有毛向、条格或图案的产品，腰头、串带与大身是否一致（特殊要求除外）；是否有色差现象 （3）后中缝是否顺直，缝份倒向是否正确，左、右口袋距后中距离是否一致 （4）有印花、绣花、烫钻、钉珠等，位置、线色是否正确，轮廓是否完整，品质效果是否达到接受范围 （5）拼缝是否顺直，压线宽窄是否均匀一致、针距及线色和规格是否符合标准 （6）整烫是否平服，无死痕、极光、漏烫、烫焦、烫黄、变形等

续表

序号	检查内容与图示	检查方法
7	下摆 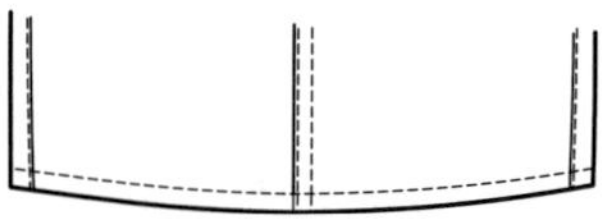	（1）检查下摆底边是否顺直，卷边宽窄、左右大小一致，无针孔、起扭、脱线等 （2）翻转下摆，检查反面是否露毛，缝位是否错位；有填充物的，是否平服、饱满，无外露现象 （3）缉线是否顺直，针距及线色和规格是否符合标准
8	左、右侧缝 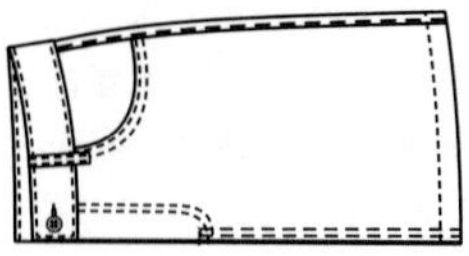	（1）轻拉侧缝缝份，是否有断线、底面线不和、跳针、开裂等现象 （2）将裙子左右叠合，对比腰头、侧缝、下摆底边左右长短、造型是否一致
9	里面腰头 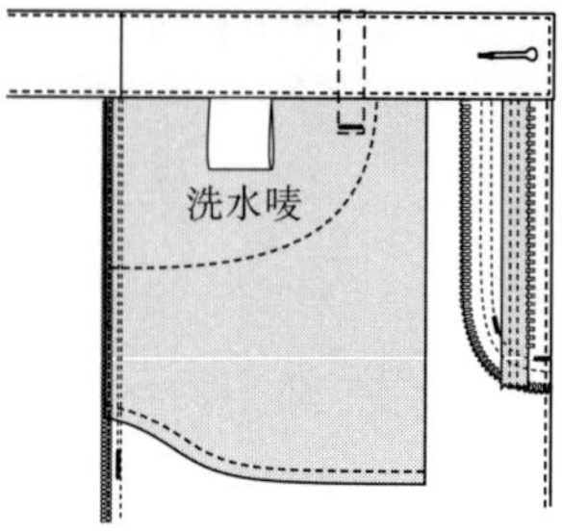 洗水唛	（1）腰里宽窄、缉边线宽窄是否一致 （2）橡筋带收缩效果是否达到标准，吃量是否均匀 （3）纽洞、纽扣大小是否匹配，钉扣是否牢固，纽洞是否有散口、跳针、抛线、错位等现象 （4）缉线是否顺直、宽窄一致，线迹松紧是否适宜，无断线、开裂、针孔、跳针、滑针等，线色及规格是否正确
10	商标、水洗标 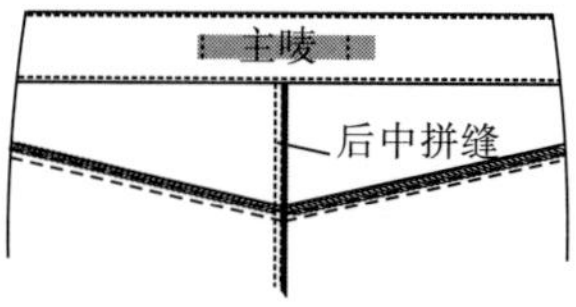 主唛 后中拼缝	（1）核对吊牌与商标号型是否一致 （2）轻拉钉标是否牢固，位置及顺序是否正确 （3）洗水标位置、顺序、方向是否正确 （4）核对吊牌与水洗标内容是否相符（款号、颜色、成分、洗涤说明等）
11	内里 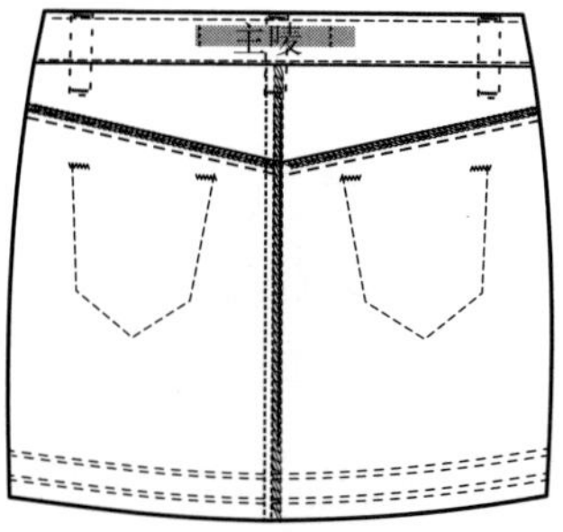 主唛	（1）翻至反面，检查反面是否清洁干净，无色差、布疵、线毛等，缝份大小是否一致 （2）有填充物的，是否均匀、平服，不可外露 （3）轻拉内里拼缝缝份，检查是否有开裂、跳针、断线等，里和面是否平服，无开裂、色差、污渍等 （4）有毛向、条格或图案的产品，整件裙装是否一致（特殊要求除外） （5）检查各部位串带或线襻固定是否牢固（袋布、侧缝、下摆、面里等） （6）缉线是否顺直，针距大小是否适宜，无断线、开裂、针孔、跳针、滑针等，线色及规格是否正确 （7）整烫是否平服，无死痕、极光、漏烫、烫焦、烫黄等不良现象；是否有线毛、杂物、灰尘、飞毛等夹入衣物内
12	品质判定 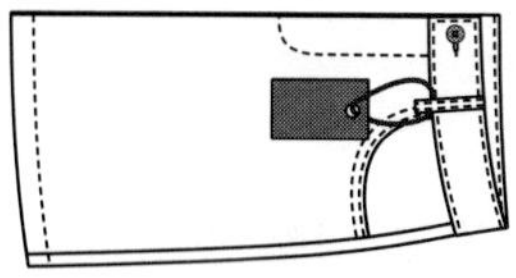	（1）内里检查完毕，将合格品与不合格品分开摆放，不合格品贴上贴纸 （2）核对包装、装箱、箱唛及数量是否正确 （3）将检查好的货品进行数据报告分析，按品质标准果断判定结果

3. 连衣裙外观检验实例

连衣裙通常检验的顺序为：整体外观→前幅→商标、领圈→领子→领后幅→左肩缝→左袖窿→左袖口→左侧缝→右肩缝→右袖窿→右袖口→右侧缝→后幅→下摆→左、右片→内里→品质判定，可参考以下检验步骤及方法（附表2-4）。

附表 2-4　成品检验步骤及方法

序号	检查内容与图示	检查方法
1	整体外观  	（1）抓住两侧肩部或将裙子穿在人台上，查看裙子的整体外观、前后幅是否平服 （2）注意内缝份（薄料）的外透程度是否一致 （3）核对面、里料及其他配料、配饰是否正确 （4）无布疵、色差、污渍、搭色、变形等。有倒顺毛、图案、条格的面料是否达到要求 （5）粘衬无脱落、变形、透胶、起泡、色差等现象 （6）有纽扣的款式，检查纽扣是否牢固，不可脱落、变形、掉色、损坏、错位或漏钉等。扣眼大小与纽扣匹配，不可跳针、底面线不和、散口等 （7）有里料的款式，检查面和里料长短、大小是否适宜，有无吊里、露里、里料扭曲不平，无布疵、污渍等 （8）水洗类产品，要注意水洗后的风格和效果 （9）线迹松紧是否适宜，线色及规格是否符合要求 （10）整烫是否平服，无变形、死痕、烫焦、烫黄、漏烫等，无异味
2	前幅  	（1）前幅在上，平铺于检验台。检查面料丝缕是否顺直，无布疵、色差、油渍、污渍等，有倒顺毛、图案、条格的是否达到要求 （2）有印花、绣花、烫钻、钉珠等，位置、线色是否正确，轮廓是否完整，品质效果是否达到接受标准 （3）拼缝是否顺直，缉线宽窄是否一致，线迹松紧是否适宜，有无断线、开裂、针孔、跳针、滑针等 （4）检查所有辅料，商标、装饰标位置是否准确
3	商标、领圈 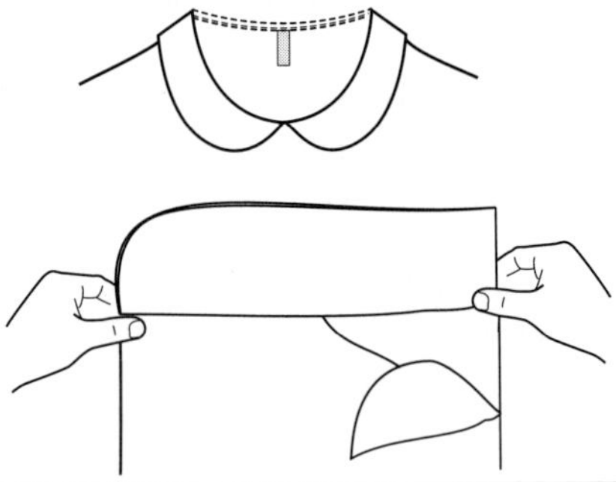	（1）核对吊牌与商标号型是否一致 （2）轻拉钉标是否牢固，位置及顺序是否正确 （3）轻拉领子，检查线迹松紧度是否适宜，有无断线、跳线、针孔、底面线不和等 （4）圆领套头衫，是否达到最小拉量尺寸，不小于56cm（全围计）；领圈不可变形，左右对称
4	领子 	（1）领面是否平服，粘衬不可外露、透胶、气泡等，缉线松紧是否适宜 （2）左、右领口叠合，检查左、右领是否对称，领尖长短是否一致，无变形，丝缕要顺直 （3）两肩缝位置是否对称，商标是否居中（特殊款式除外） （4）特别注意对格、对条的产品，有毛向或图案的是否与大身同一方向（特殊要求除外）

序号	检查内容与图示	检查方法
5	领后幅 	检查后幅领面是否平服，压线宽窄是否一致，后中是否错位
6	左肩缝 	（1）轻拉肩缝查看线迹松紧是否适宜，是否有开裂、断线、跳线、针孔等 （2）有里料的款式，面和里在肩峰点处对位是否准确、平服
7	左袖窿 	（1）袖窿拼缝是否圆顺，压线宽窄是否一致，有无跳线、断线、开裂、针孔等 （2）袖山对位是否准确，左、右袖是否同一顺向 （3）袖底十字缝对位准确 （4）顺向查看袖子与裙身是否有色差
8	左袖口 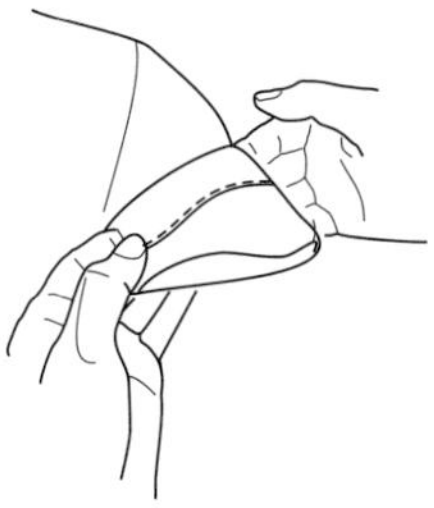	（1）两手从水平方向拉试袖口拼缝位处，查看是否有开裂、断线、跳针、针孔等 （2）翻转袖口检查内里绲缝有无开裂、跳针、断线、底面线不和、滑针、露毛等 （3）检查袖口贴边、压线宽窄是否一致
9	左侧缝 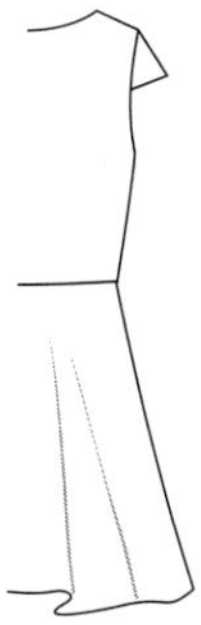	将袖子向上翻起，轻拉侧缝是否开裂、断线、跳线、针孔等
10	右肩缝 	（1）轻拉肩缝，查看线迹松紧是否适宜，是否开裂、断线、跳线、针孔等 （2）有里料的款式，面、里在肩峰点处对位是否准确、平服
11	右袖窿 	（1）袖窿是否圆顺，绲线宽窄是否一致，无跳线、断线、开裂、针孔等 （2）袖山对位是否准确，左、右袖是否同一顺向 （3）袖底十字缝对位准确 （4）顺向查看袖子与裙身是否有色差

序号	检查内容与图示	检查方法
12	右袖口 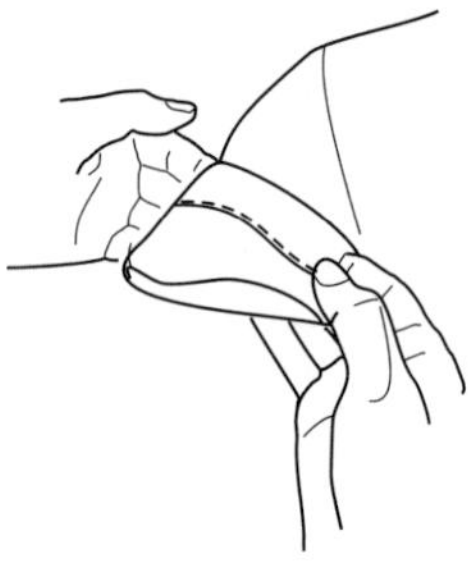	（1）两手从水平方向拉试袖口拼缝位处，查看是否有开裂、断线、跳针、针孔等 （2）翻转袖口检查内里绲缝有无开裂、跳针、断线、底面线不和、滑针、露毛等 （3）检查袖口贴边、压线宽窄是否一致
13	右侧缝 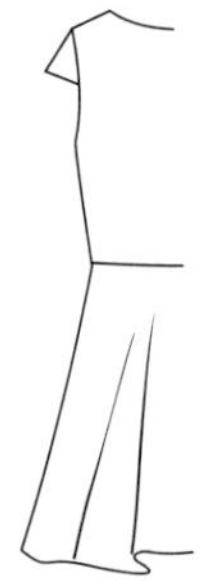	将袖子向上翻起，轻拉侧缝是否开裂、断线、跳线、针孔等
14	后幅 	（1）翻至后幅，平铺于检验台上，查看面料是否有污渍、布疵、色差等，有毛向、条格的或有图案的与前片是否一致，丝缕是否顺直； （2）有印花、绣花、烫钻、钉珠等，位置、线色是否正确，轮廓是否完整，品质效果是否达到接受标准 （3）后腰贴宽窄一致、顺直，与前腰贴是否吻合 （4）拉链拉合是否顺畅，不可笑口、重叠、起拱不平等，大身吃量要均匀
15	下摆 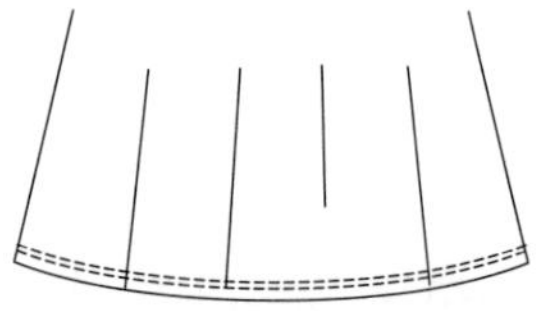	（1）下摆底边是否圆顺，不可有波浪形（特殊款式除外），压线宽窄是否一致，无断线、跳线、针孔等 （2）下摆翻转检查绲边线是否有毛漏、滑针等
16	左、右片 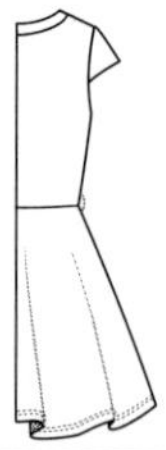	（1）沿领子中点两边肩缝、袖子、侧缝叠合，检查两肩缝、袖子长短是否一致 （2）两袖口叠合，检查袖口大小是否一致 （3）左、右袖底缝叠合，检查长短是否一致 （4）两边侧缝叠合，检查长短是否一致 （5）下摆是否圆顺、对称
17	内里 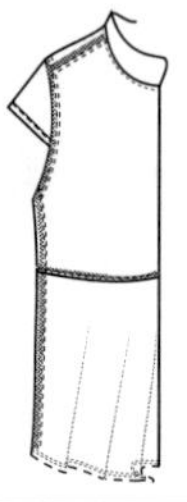	（1）翻至反面，从前到后、从上到下一一检查 （2）检查缝份宽窄是否一致，是否有断线、跳针、底面线不和、开裂、污渍、布疵等 （3）有里料的是否有色差、污渍、布疵、针孔等，有毛向、条格或有图案的，前后片、袖子是否一致（特殊要求除外），丝缕是否顺直，里和面是否吻合 （4）是否有线毛、浮线、灰尘及其他杂物夹在衣物内 （5）整烫是否平服，无变形、死痕、烫焦、烫黄、漏烫等 （6）核对吊牌与洗水标内容是否相符（款号、颜色、成分、洗涤说明等）

右上角：续表

序号	检查内容与图示	检查方法
18	品质判定	（1）内里检查完毕，将合格品与不合格品分开摆放，不合格品贴上贴纸 （2）核对包装、装箱、箱标及数量是否正确 （3）将检查好的货品进行数据报告分析，按品质标准果断判定结果

三、折叠包装

对产品进行折叠包装，完成盘点（填写装箱单）和装箱，做好发货前的准备工作。

（一）折叠

按包装袋、盒、箱的规格，将裙装折叠成一定尺寸的长方形，便于码放。操作要求：折叠后的产品形状平整美观，四周厚薄均匀，对于易产生折痕、不宜烫平的面料（如仿皮、呢料、空气层面料），则需平铺包装；吊牌、商标要在正面，方便观察。

附图 2-4 半身裙的折叠方法

半身裙、连衣裙的折叠方法如下（附图 2-4、附图 2-5）：

在后身放入拷贝纸，再纵向折叠，通常短款不需再横折，长款做两折。挂牌通常挂在裙串带或后中商标上。

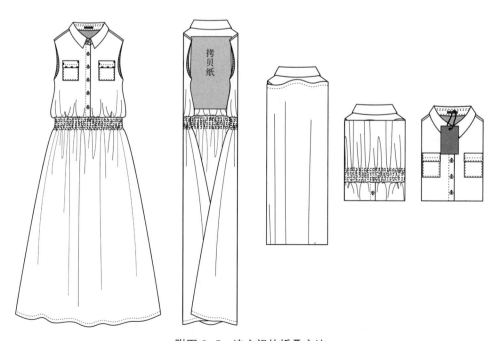

附图 2-5 连衣裙的折叠方法

在后身放入拷贝纸，先把侧边、裙摆纵向折叠，再横折，通常短款做两折，长款做三折。挂牌通常挂在后领下商标或门襟处。

（二）包装

裙装，一般采用单件（套）胶袋包装与纸箱包装相结合的方式，除了保护产品外，还便于计数、再组装装箱。

1. 胶袋包装

（1）每件产品装入一个胶袋，胶袋上区分规格，以方便识别、储存及盘点。

（2）产品熨烫后不可马上包装，应冷却干燥6小时后再放入胶袋。袋内要放入干燥剂，避免受潮。

（3）包装材料要清洁、干燥。

（4）撞色面料拼接部位，因不同色相互之间易沾色、色迁移。需加隔离纸，相互隔开。有特殊辅料对面料产生压痕、伤害，或金属类辅料为防止氧化，避免污染面料，需加隔离纸，相互隔开。印花部位需加牛油纸隔开。

2. 纸箱包装

（1）短小款式、小码等，在装箱时要错位装箱，避免装箱后纸箱四周有空位。

（2）控制好装箱数量，因为长时间储存会导致产品出现皱痕、填充物不饱满等现象。通常情况下，要求产品叠放起来，未受外力挤压的高度，小于纸箱高度的1.3~1.6倍为宜。

（3）每一包装箱内的成品品种、等级需一致，颜色、花型和尺码规格应符合消费者或客户要求。装箱通常按单色单码先装，然后是单色混码，最后是混色混码装箱。

（4）在纸箱正面注明品牌商标、公司名称，纸箱侧面注明品名、款号、单号、箱号、颜色、数量、尺码、纸箱规格、重量、生产单位（国别、区域、地址等）。

（5）纸箱的规格通常各不相同，主要取决于运输与储存的空间条件。较常见的规格有：长58cm，宽38cm，高38cm等。

（6）每箱总重量不可超过25kg，以方便搬运。

（7）为防止在运输和仓储中发霉、风化、变质，在纸箱外要涂防潮油或覆盖塑料薄膜。

3. 挂装

一些高档的服装尤其是礼服和特殊的表演装，为避免折叠包装产生面料印痕或变形现象，使用匹配的衣架进行悬挂包装来运输和储存，以保持良好的外形。

附录三　半身裙、连衣裙的产品标识

按照国家强制性标准 GB 5296.4—2012《消费品使用说明 纺织品和服装使用说明》和 GB 18401—2010《国家纺织产品基本安全技术规范》，服装通常有商标（也称主唛）、合格证（也称吊牌、挂牌）、洗涤标识（也称洗唛）、使用保养提示卡等产品标识。主要内容如下：

一、商标

通常，在服装主要明显部位要钉上商标，上面需包含品牌 LOGO、尺码、号型规格等信息。连衣裙一般使用方形商标，钉于内里后领贴上；半身裙一般使用长条形商标，钉于后腰头里（附图 3-1）。如果是无里料的连衣裙或腰头较窄的半身裙，可以直接吊挂在后领口或后腰下。

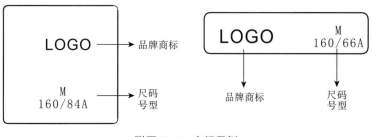

附图 3-1　商标示例

二、合格证

产品检验合格后，要挂上产品合格证，一般与品牌标志结合在一起。

合格证包含：品名、款号、色号、执行标准、安全类别、规格、价格、条码等信息（附图 3-2）。通常，连衣裙合格证挂于门襟扣眼、拉链头或后领商标上；半身裙合格证挂于前串带上或后腰商标上。

执行标准：针织裙采用 FZ/T 73026—2014《针织裙、裙套》，机织裙采用 FZ/T 81004—2012《连衣裙、裙套》，其中 2014 和 2012 是这两个产品标准的版本号，若有更新，则要按规定更新版本号。安全类别，通常裙装为直接接触皮肤穿用的产品，需符合国家标准 GB 18401—2010《国家纺织产品基本安全技术规范》中的 B 类要求。如果为非直接接触皮肤穿着，则需符合 C 类要求。

附图 3-2　合格证示例

三、洗涤标识

为指导消费者根据服装面料成分及内在填充物种类合理护理裙装，要在服装合适的位置机缝上洗涤标识。通常，连衣裙洗涤标识机缝于内里左侧缝，距下摆底边 10~15cm 处；半身裙洗涤标识机缝于左侧前中腰头下或内里左侧缝，距腰头下 3cm 处。

洗涤标识包含：面辅料成分、填充物、洗涤方式。对于裙装，根据国家标准 GB 5296.4—2012《消费品使用说明 纺织品和服装使用说明》注意以下 3 点：

（1）成衣面、里料均需标示，另外超过 15% 的拼接面料也需标示。

（2）如果夹层内有填充物，需明确标示填充物成分。

（3）对于一些轻薄、高贵的面料，一般采用手洗、轻揉，不可机洗；毛呢面料通常采用干洗。

1. 洗涤标识（附图 3-3）

2. 洗涤标识的标示要求

（1）面辅料成分标示要求：主要涉及面料、里料、填充物等，另外如有毛领、罗纹等也要做出标示，纤维含量标示要符合 GB/T 29862—2013《纺织品纤维含量的标识》的要求。

（2）洗涤方式标示要求：主要涉及水洗符号、漂白符号、干燥符号、熨烫符号、专业维护符号、温馨提示等。排版格式要按先后顺序排列。

（3）温馨提示语：如附表 3-1 所示。

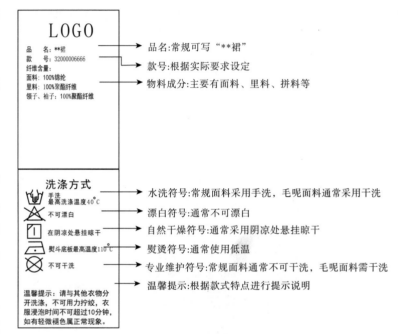

附图 3-3　洗涤标识示例及说明

附表 3-1　温馨提示语示例

洗涤前去除……（配件饰品、帽口毛条、毛领等）	干燥后轻轻拍打
与其他衣物分开洗涤	不可熨烫……（配件饰品、烫钻、钉珠等）
与相似颜色制品一同洗涤	衣服浸泡时间不可超过……分钟
反面洗涤	建议蒸汽熨烫
不可用力拧绞	要垫布熨烫
整形后平摊干燥	储存要保持干燥、阴凉，并放入少量防蛀剂